"十四五"职业教育国家规划教材

U0688960

电气 CAD 实用教程

第4版 | 附微课视频

黄玮 / 主编

张新娜 刘成莉 / 副主编

ELECTROMECHANICAL

人民邮电出版社

北京

图书在版编目（CIP）数据

电气CAD实用教程：附微课视频 / 黄玮主编. -- 4
版. -- 北京：人民邮电出版社，2021.9
职业教育机电类系列教材
ISBN 978-7-115-55927-2

Ⅰ. ①电… Ⅱ. ①黄… Ⅲ. ①电气设备—计算机辅助
设计—AutoCAD软件—高等职业教育—教材 Ⅳ.
①TM02-39

中国版本图书馆CIP数据核字(2021)第021020号

内 容 提 要

本书以训练读者的电气制图与识图技能为核心，以工作过程为导向，详细地介绍了 AutoCAD 软件的操作方法、电气工程涉及的常用电气工程图的基础知识、典型电气工程图的绘制方法与技巧等内容。

本书以项目教学的方式组织内容，每个项目均来源于电气工程的典型案例。本书主要内容涵盖了 6 类典型电气工程图，将绘图技巧分散在项目具体操作中，大部分项目由项目导入、相关知识、项目实施、拓展知识、小结、自测题 6 个部分组成，另外，项目中重要的绘图技巧还配有视频讲解与演示。

本书既可作为中、高等职业技术院校电气工程及自动化、电气自动化技术、电力系统自动化技术等电气类专业的教材，也可供有关技术人员、工程人员及初次涉及电气 CAD 设计的人员参考。

◆ 主　编　黄　玮

　　副主编　张新娜　刘成莉

　　责任编辑　王丽美

　　责任印制　王　郁　彭志环

◆ 人民邮电出版社出版发行　　北京市丰台区成寿寺路 11 号

　　邮编　100164　　电子邮件　315@ptpress.com.cn

　　网址　https://www.ptpress.com.cn

　　涿州市京南印刷厂印刷

◆ 开本：787×1092　1/16

　　印张：15.5　　　　　　　　　　2021 年 9 月第 4 版

　　字数：416 千字　　　　　　　　2025 年 6 月河北第 14 次印刷

定价：49.80 元

读者服务热线：(010)81055256　印装质量热线：(010)81055316

反盗版热线：(010)81055315

第 4 版前言

电气制图与识图是电气工程技术人员、自动控制系统设计人员、电力工程技术人员的典型工作任务，是自动化技术高技能人才必须具备的基本技能，也是职业院校电气类、自动化类专业的一门重要的专业技能课程。

本书以训练读者的电气识图与制图技能为目标，详细介绍软件操作方法、电气工程涉及的常用电气图的基础知识、典型电气图的绘制方法（主要包括基于二维平面设计的常用绘图、修改、标注命令，以及常用绘图工具操作等内容）。

作者于 2019 年编写的《电气 CAD 实用教程（第 3 版）》一书自出版以来，受到了众多职业院校的欢迎。在本书第 4 版的升级过程中，编者对内容和形式进行了更新和提升，体现了全面贯彻党的二十大精神，以社会主义核心价值观为引领，注重立德树人，传扬工匠精神，坚定文化自信，使内容更好体现时代性、把握规律性、富于创造性，为建设社会主义文化强国添砖加瓦。

（1）修正和补充了相关的细节内容，同时增加了部分课后自测习题，并对比制图新标准更新了相关内容。

（2）采用"纸质教材＋电子课堂"的形式，增加了 CAD 绘图技能操作视频 100 多个，读者可通过手机等移动终端扫描观看，极大丰富了教学资源。

（3）注重立德树人，根据项目特点融入了素质培养，引导学生树立正确的世界观、人生观和价值观；贯彻"青年强，则国家强"理念，帮助学生成为德、智、体、美、劳全面发展的社会主义建设者和接班人。

在本次修订过程中，作者始终贯彻落实以来源于企业的典型电气工程图为项目载体，采用项目教学的方式组织内容的思想，并通过 6 类典型电气工程图，由简到繁、由易到难地将绘图知识与技巧分散在项目具体操作中，将电气 CAD 技术的知识与技能训练融为一体。本书突出对学生独立解决问题能力的培养。修订后的教材，内容比以前更完整，更具针对性和实用性，内容的叙述更加准确、通俗易懂和简明扼要，更有利于教师的教学和读者的自学。

本书提供的教学资源数量及内容说明见表 1。

表 1　教学资源数量及内容说明

序号	教学资源名称	教学资源数量及内容说明
1	教学 PPT	7 个，与教材 7 个教学单元对应
2	教学视频	103 个，对应于各教学单元中主要命令操作演示，便于学生复习与自学
3	教材图片	教材中主要图片，JPG 格式
4	项目实例	29 个，教材中用到的工程实例的电子图纸，DWG 格式
5	习题答案	教材中部分自测题答案
6	电气制图标准	9 个，与电气制图相关的行业标准（不断更新与补充中）

本书教学参考总学时数为 48～64 学时，建议采用理论实践一体化教学模式，各项目的参考学时分配见表 2。

表 2 参考学时分配

项　目	课　程　内　容	参考学时
	绪论	4～6
项目一	机械轴零件图的绘制与识图	6～8
项目二	调频器电路图的绘制与识图	6～8
项目三	继电器-接触器控制电路原理图的绘制与识图	6～8
项目四	电气接线图的绘制与识图	6～8
项目五	电气平面布置图的绘制与识图	8～10
项目六	电气 CAD 工程实践实例	10～14
	课程考评	2
	学时总计	48～64

　　本书由昆明冶金高等专科学校黄玮任主编，张新娜、刘成莉任副主编，施卫华、李之昂、徐林东、杨青参与编写。其具体分工为：黄玮编写了绪论、项目三、项目四，刘成莉修编了项目二、项目六中的实例一，张新娜编写了项目一、项目六中的实例二，施卫华编写了项目五中变电所电气平面布置图及 35kV 变电站电气平面布置图部分，李之昂编写了项目五中消防报警系统平面图部分，徐林东编写了附录部分内容，杨青负责书中插图的审定。全书由黄玮统稿和定稿。最后，感谢昆明市排水公司谢多致高级工程师、昆明优实工业控制技术有限公司钟钰高级工程师为本书提供部分电气图实例，并向所有关心和支持本书出版的人表示衷心的感谢！

　　本书对应课程"电气图纸的识绘"是国家"电力系统自动化技术专业资源库"课程之一，课程颗粒化资源 800 多个，详情可联系编者（邮箱：530287347@qq.com）咨询。

　　限于编者的学术水平，书中难免存在不妥之处，恳请读者批评指正。

编　者

2023 年 5 月

目录

绪论

一、电气制图软件——AutoCAD 简介

计算机辅助设计（Computer Aided Design，CAD），是设计人员借助计算机软、硬件及其图形设备进行设计工作的方法。借助 CAD 技术，设计人员将人的创造力和计算机的高速运算能力、巨大存储能力、逻辑判断能力充分结合，减轻了设计劳动强度，缩短了设计周期，更重要的是极大地提高了设计质量。

最早的计算机绘图系统诞生于 20 世纪 50 年代的美国，具有简单的绘图输出功能。20 世纪 60 年代，美国麻省理工学院提出了交互式图形学的研究计划，由于当时硬件设施非常昂贵，仅美国通用汽车公司和美国波音公司使用自行开发的交互式绘图系统。20 世纪 70 年代，完整的 CAD 系统开始形成，后期出现了能产生逼真图形的光栅扫描显示器，并推出了手动游标、图形输入板等多种形式的图形输入设备。20 世纪 80 年代起，随着超大规模集成电路技术的出现以及个人计算机（PC）的应用，CAD 技术得以迅速发展，逐步在小型企业普及，并不断向标准化、集成化、智能化方向发展，现已广泛应用于电子和电气、科学研究、机械设计、软件开发、工厂自动化、土木建筑等各个领域。

AutoCAD 是美国 Autodesk 公司于 20 世纪 80 年代初为微型计算机上应用 CAD 技术而开发的绘图程序软件包，是电气工程领域中常用的工程设计及绘图软件，也是目前国际上最流行的绘图工具。AutoCAD 具有良好的用户界面，通过交互菜单或命令行方式便可以进行各种操作，让非计算机专业人员也能很快地学会使用；AutoCAD 具有广泛的适应性，可以在各种操作系统支持的微型计算机和工作站上运行，并支持分辨率由 320×200 到 2048×1024 的 40 多种图形显示设备、30 多种数字仪和鼠标器、数十种绘图仪和打印机；通过 AutoCAD 二维平面的精准设计能力，能够快速完成各类电气工程图、建筑平面设计图、模具及产品制造图的设计和绘制；AutoCAD 还具有良好的拓展性，它允许用户添加一些专业软件，从而更好地满足各专业领域的设计需求。图 0-1 即为采用 AutoCAD 绘制的电气原理图。

Autodesk 公司一直不断地完善 AutoCAD 系统，从 1982 年 11 月首次推出的 AutoCAD 1.0 版本到现在，先后推出了 30 多个版本。本书使用的 AutoCAD 2010 支持微软 Windows 32 位/64 位版本操作系统，它的图形文档仍然为 DWG 格式，并可以打开任何早期 AutoCAD 版本 DWG 文件。

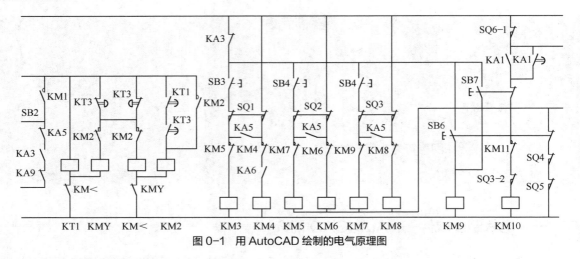

图 0-1　用 AutoCAD 绘制的电气原理图

二、电气图基础知识

　　电气图是用电气图形符号、带注释的围框或简化外形来表示电气系统或设备中组成部分之间相互关系及其连接关系的一种图，是电气工程领域中提供信息的最主要方式，提供的信息内容可以是功能、位置、设备制造及接线等，也可以是工作参数表格、文字等。

　　一个工程项目的电气图通常包括图册目录和前言、电气概略图、电路图、接线图、位置图、项目表、设备元件和材料表、说明文件等，有时还要使用一些特殊的电气图，如逻辑图、功能图、印制板电路图、曲线图等，以对必要的局部工程做细节补充和说明。

（一）电气图分类

　　根据其所表达信息类型和表达方式，电气图主要有以下几类：电气概略图、电路图、接线图和接线表、位置图、逻辑图、功能图等。

1. 电气概略图

　　概略图过去被称为系统图或框图，表示系统、分系统、装置、部件、设备、软件中各项目之间的主要关系和连接情况的相对简单的图，通常用单线表示法，如图 0-2 所示。概略图可以在功能和结构的不同层次上绘制，较高层次描述总系统（即过去所称的系统图），较低层次描述系统中的分系统（即过去所称的框图）。在概略图上一般应进行项目代号的标注，在较高层次上标注高层代号，较低层次上标注种类代号。

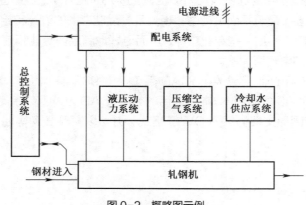

图 0-2　概略图示例

电气概略图（简称概略图）是根据国家电气制图标准规定的图形符号、文字符号以及规定的画法，用工程图的形式绘制的，图中将电气设备及电气元件按照一定的控制要求连接，以表达设备电气控制系统的组成结构，工作原理及安装、调试、维修等技术要求，便于电气设计人员进行电气设计，现场技术人员进行安装、维修、调试等。

2. 电路图

电路图也称电气原理图，是一种表示系统、分系统、装置、部件、设备、软件等实际电路的简图，采用按功能排列的图形符号来表示各元件和连接关系，以表示功能而不需考虑项目的实体尺寸、形状或位置，即不按电气元件、设备的实际位置绘制，而是根据电气元件、设备在电路中所起的作用画在不同的部位上，如图 0-1 所示。电路图中通常必须标注项目代号中的种类代号，前缀符号通常可以省略，高层代号和位置代号可以进行总的说明，端子代号则根据需要进行标注。

电路图主要用于分析研究系统的组成和工作原理，为寻找电气故障提供帮助，同时也是编制电气接线图/表的依据。

3. 接线图和接线表

接线图和接线表（包括接线图、单元接线图、互连接线图、端子接线图和端子接线表、电缆配置图和电缆配置表等）是表示成套装置、设备或装置的连接关系的一种简图或表格，包含电气设备和电气元件的相对位置、项目代号、端子号、导线号、导线类型、导线截面积、屏蔽和导线绞合等情况，用于电气设备的安装接线、电路检查、电路维修和故障处理，如后面项目中的图 4-3 和图 6-16 所示。

4. 位置图

位置图表示成套装置、设备或装置中各个项目的具体位置的一种简图，如后面项目中的图 5-1 所示。常见的位置图是电气平面布置图、设备布置图、电气元件布置图。电气平面布置图是在建筑平面图上绘制而成的，表示电气设备、装置及线路的平面布置情况，提供建筑物施工时预留管线、设备安装的位置。设备布置图是表示工程项目中各类电气设备及装置的布置、安装方式和相互位置关系的示意图，尺寸数据是主要信息。电气元件布置图用图形符号绘制，表明成套电气设备中一个区域内所有电气元件和用电设备的实际位置及其连接布线，是电气控制设备制造、装配、调试和维护必不可少的技术文件，如电气控制柜与操作台（箱）内部布置图、电气控制柜与操作台（箱）面板布置图。

5. 逻辑图

逻辑图是用线条把二进制逻辑（与、或、异或等）单元图形符号按逻辑关系连接起来而绘制成的一种简图，用来说明各个逻辑单元之间的逻辑关系和逻辑功能，如图 0-3 所示。绘制逻辑图时必须附加输入线、输出线，但是输入线、输出线不是图形符号组成部分。逻辑图的布图通常从左到右或从上

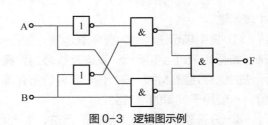

图 0-3　逻辑图示例

到下，输入线在左，输出线在右，要清晰反映信号流的方向，图形符号的方位不能随意改变。有时为了更清晰地表示输入信号与输出信号之间的关系，除了逻辑图外，通常还补充时序图、真值表等。

6. 功能图

功能图是用理论的或理想的电路而不涉及实现方法来详细表示系统、分系统、装置、部件、设备、软件等功能的简图。如图 0-4 所示的简图，就是一种功能图，用来表示控制系统的作用

和状态。

（二）电气图特点

1. 电气图的主要表达方式

简图是电气图的主要表达方式，是用图形符号、带注释的框或简化外形表示包括连接线在内的一个系统或设备中各组成部分之间相互关系的一种图示形式。简图这个概念是相对于严格按几何尺寸、绝对位置而绘制的机械图而言的，是图形表达形式上的"简"，而非内容上的"简"。

概略图、电路图、接线图等绝大多数的电气图都采用这种形式，除了必须标明实物形状、位置、安装尺寸的图外，大量的图都是简图，即仅表示电路中各设备、装置、电气元件等功能及连接关系的图。

简图的特点如下。

① 各组成部分或电气元件用电气图形符号表示，而不具体表示其外形及结构等特征。

② 在相应的图形符号旁标注文字符号、数字编号。

③ 按功能和电流流向表示各装置、设备及电气元件的相互位置和连接顺序。

④ 没有投影关系，不标注尺寸。

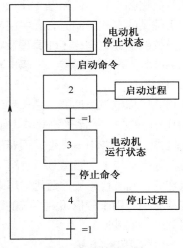

图 0-4　功能图示例

2. 电气图的主要组成部分

一个电气系统或一种电气装置是由许多器件和功能单元组成的，在电气工程图中并不按比例绘出它们的外形尺寸，而是通过各种图形符号、文字符号、项目代号来说明电气装置、设备和线路的安装位置、相互关系和敷设方法等，有时还要添加一些注释、技术数据等详细信息。

3. 电气图的主要元素

构成电气图的主要元素是元件和连接线，即电气图中的电气设备或装置可以通过电气元件和连接线进行描述。这里的元件在电路原理图中可以是电源、开关、指示灯等电路元件，也可以是继电器、按钮等控制器件；在概略图中可以是电动机等用电设备，也可以是接触器等开关设备；在接线图中可以是各类触点、接线柱等；在位置图中可以代表开关柜、变压器等各类电气设备。

（1）电气元件的表示方法。电气元件有 3 种表示方法，分别为集中表示法、分开表示法和半集中表示法。

① 集中表示法也称为整体表示法，是把一个元件的各个部分集中在一起绘制，并用虚线连接起来，如图 0-5（a）所示。其连接线必须为直线，项目代号只在元件图形符号旁标注一次。该种表示法的优点是整体性较强，任一元件的所有部件及其关系一目了然，但不利于对电路功能原理的理解，一般用于简单的电气图。

② 分开表示法也称为展开表示法，是把同一元件的不同部分在图中按作用、功能分开布置，而它们之间的关系用同一个元件项目代号来表示，即每个图形符号旁都要标注元件的项目代号。用分开表示法能得到一个清晰的电路布局图面，易于阅读，便于了解整套装置的动作顺序和工作原理，适用于复杂的电气图，如图 0-5（b）所示。

（a）集中表示法　　　（b）分开表示法　　　（c）半集中表示法

图 0-5　电气元件的表示方法

③ 半集中表示法则是介于集中表示法和分开表示法之间的一种表示方法，是把一电器中的某些元件的图形符号在简图上分开布置，并用机械连接线表示它们之间关系的方法，目的是使设备和装置的电路布局清晰，易于识别，如图 0-5（c）所示。机械连接线可以弯折、分支、交叉，项目代号也只需要在元件图形符号旁标注一次。

（2）电气元件工作状态表示方法。在电气图中绘制电气元件时，其可动部分都要按照元件"正常状态"表示，即非激励或不工作的状态或位置。例如常开触点在绘制时使用"开"的状态，紧急停止按钮在绘制时使用常闭按钮，即按钮"闭"的状态。

（3）电气元件触点表示方法。电气元件的触点分为两类，一类是由电磁力或人工操纵的触点，如接触器、电磁继电器、开关、按钮等的触点；另一类是非电磁力和人工操纵的触点，如速度继电器、行程开关等的触点。

① 接触器、电磁继电器、开关、按钮等的触点，在同一电路中，在加电或受力后各触点符号的动作方向应一致。触点符号垂直放置时采用左开右闭方式，即动触点在静触点左侧（常开触点）为动合，动触点在静触点右侧（常闭触点）为动断，如图 0-6（a）所示。触点符号水平放置时采用下开上闭方式，即动触点在静触点下方（常开触点）为动合，动触点在静触点上方（常闭触点）为动断，如图 0-6（b）所示。

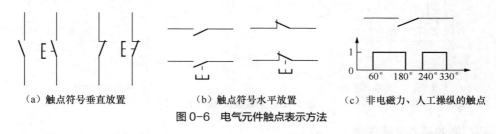

（a）触点符号垂直放置　　　（b）触点符号水平放置　　　（c）非电磁力、人工操纵的触点

图 0-6　电气元件触点表示方法

② 非电磁力和人工操纵的触点，必须在其触点符号附近表明运行方式。如图 0-6（c）所示，横轴表示转轮的位置，纵轴"0"表示触点断开，"1"表示触点闭合，即转轮在 60°～180°、240°～330° 时触点闭合，其余情况下触点断开。

（4）连接线的表示方法。连接线是电气图上各种图形符号间的相互连线。

导线的表示方法如图 0-7（a）所示。若导线有"T"形或"十"形连接时，可在连接点处加实心圆点；若导线交叉，在交叉处绝不能加实心圆点，也不要在交叉处改变方向，并避免穿过其他导线的连接点，如图 0-7（b）所示。在实际应用中，如果电路图中导线之间明显相交，则可以不用画实心圆点。

在电路图中，连接线有单线表示法和多线表示法，如图 0-8（a）和图 0-8（b）所示。如果将各元件之间走向一致的连接导线用一条线表示，即用一根线来代表一束线，就是单线表示法。如果元件之间的连线是按照导线的实际走向一根一根地分别画出的，就是多线表示法。

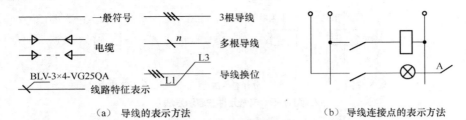

（a）导线的表示方法　　　　（b）导线连接点的表示方法

图 0-7　导线及其连接点的表示方法

多线表示法能详细表达各相、各线的内容，特别适用于各相或各线内容不对称的情况，但是对于较复杂的设备来说，图线太多会有碍读图。所以根据绘制设备、系统的复杂性，一般采用混合表示法，即灵活采用单线、多线，既有单线表示法的简洁精练性，又不失多线表示法的精确充分性。

在接线图及其他图中，连接线有连续线表示法和中断线表示法两种方式。连续线表示两端子之间导线的线条是连续的。中断线表示两端子之间导线的线条是中断的，在中断处必须标明导线的去向，如图 0-8（c）所示。

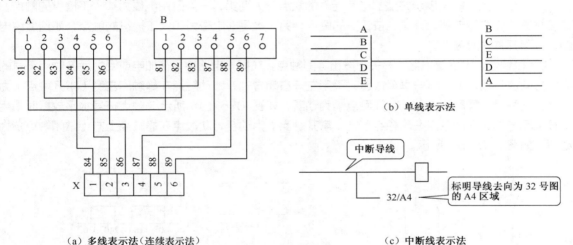

（b）单线表示法

（a）多线表示法（连续表示法）　　　　（c）中断线表示法

图 0-8　连接线的表示方法

4．电气图的基本布局方法

电气图有两种基本布局方法：功能布局法和位置布局法。

（1）功能布局法是指在图中，元件符号的位置只考虑元件之间的功能关系，而不考虑实际位置的一种布局方法。在此布局中，将表示对象划分为若干功能组，按照工作关系从左到右或从上到下布置；每个功能组的元件集中布置在一起。大部分电气图采用功能布局法，如概略图、电路图等。

（2）位置布局法是指在图中，元件符号的位置按该元件的实际位置在图中布局，清晰反映元件的相对位置和导线的走向。平面图、安装接线图就是采用这种布局法，以利于装配接线时的读图。

5．电气图的多样性

一个电气系统中，各种电气设备和装置之间，在不同角度、不同侧面存在着不同的关系，构成了电气图的多样性，并通过对能量流、信息流、逻辑流和功能流的不同描述来反映。

能量流 —— 电能的流向和传递。

信息流 —— 信号的流向、传递和反馈。

逻辑流 —— 相互间的逻辑关系。

功能流 —— 相互间的功能关系。

在电气图中，对能量流和信息流进行描述的有概略图、框图、电路图、接线图、位置图等；对逻辑流进行描述的有逻辑图；对功能流进行描述的有功能图、程序图、系统说明书等。

（三）电气图规范

1. 图幅尺寸

为了图纸的规范统一、便于装订和管理，应优先选择表 0-1 中所列的基本幅面，并在满足设计规模和复杂程度的前提下，尽量选用较小的幅面，同时整套图纸的幅面尽量一致。

表 0-1　基本幅面

幅　　面	A0	A1	A2	A3	A4
长/mm	1189	841	594	420	297
宽/mm	841	594	420	297	210

如有特殊要求，也可以选择表 0-2 中列出的加长幅面。加长幅面的尺寸是由基本幅面的短边或整数倍增加后得出的。

表 0-2　加长幅面

幅　　面	A3×3	A3×4	A4×3	A4×4	A4×5
长/mm	891	1189	630	841	1051
宽/mm	420	420	297	297	297

2. 图框线

图框线用于标出绘图的区域，必须用粗实线画出，其格式分为留装订线边和不留装订线边两种，如图 0-9 所示。外框线为 0.25mm 的实线，内框线根据图幅由小到大可以选择 0.5mm、0.7mm、1.0mm 的实线。

留装订线边的图框格式如图 0-9（a）所示，边线距离 a（包含装订尺寸）为 25mm，c 的尺寸在 A0、A1、A2 图纸中为 10mm，在其他尺寸图纸中为 5mm。不留装订线边的图框格式如图 0-9（b）所示，四边边线距离一样，在 A0、A1 图纸中，e 为 20mm，其他尺寸图纸中 e 为 10mm。

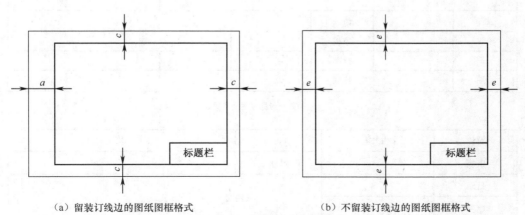

（a）留装订线边的图纸图框格式　　　　　（b）不留装订线边的图纸图框格式

图 0-9　图框线格式示意图

3．图幅分区

图幅分区是为了快速查找图纸信息而为图纸建立索引的方法，常见于地图、建筑图等的绘制中。图幅分区用分区代号的方法来表示，采用行与列两个编号组合而成，编号从图纸的左上角开始，如图 0-10 所示。分区数一般为偶数，每一分区的长度为 25～75mm。分区在水平和垂直两个方向的长度可以不同；分区的编号，水平方向用阿拉伯数字，垂直方向用大写英文字母。分区代号表示方法为"字母+数字"，如 B3 表示 B 行第 3 列所形成的矩形区域，结合图纸编号信息则可以表示某图中的制定区域信息，如 22/C6 表示图纸编号为 22 的单张图中 C6 区域。

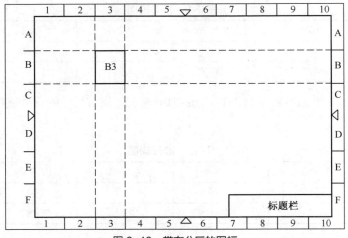

图 0-10　带有分区的图幅

4．标题栏

一张完整的图纸还应包括标题栏项。标题栏是用来反映设计名称、图号、张次、设计者等相关设计信息的，位于内框的右下角，方向与看图方向一致，格式没有统一的规定。标题栏一般长 120～180mm，宽 30～40mm；通常包括设计单位名称、用户单位名称、设计阶段、比例尺、设计人、审核人、图纸名称（图名）、图纸编号（图号）、日期、页次等。图 0-11 提供了两种标题栏供读者参考。

（设计单位名称）				使用单位	
设计		组长		（图名）	
校对		审核			
制图		批准		图号	
日期		比例			

（a）一般标题栏的格式

设计	（学生姓名）	单位	（专业、班级信息）
审核		图号	
日期		（图名）	
比例			

（b）简单标题栏格式（可用于学生课程/毕业设计）

图 0-11　标题栏格式

5. 图线

电气图绘制中所用的各种线条统称为图线。图线的宽度按照图样的类型和尺寸大小在 0.13mm、0.18mm、0.25mm、0.35mm、0.5mm、0.7mm、1mm、1.4mm、2mm 中选择，有实线、虚线、点画线等 16 种基本线型，波浪线、锯齿线等 4 种变形，使用时依据图样的需要，对基本图线进行变形或组合，具体规则详见国标。表 0-3 仅列出了电气制图中常用的图线形式及应用说明。

表 0-3　常用的图线形式及应用说明

序号	图线名称	图线形式	图线宽度	应用说明
1	粗实线	▬▬▬▬▬	b=0.5～2mm	电气线路（主回路、干线、母线）
2	细实线	———	约 b/3	一般线路、控制线
3	虚线	- - - - -	约 b/3	屏蔽线、机械连线、电气暗敷线、事故照明线等
4	点画线	-·-·-·-	约 b/3	控制线、信号线、边界线等
5	双点画线	-··-··-	约 b/3	辅助边界线、36V 以下线路等
6	加粗实线	▬▬▬▬	(2～3)b	汇流排（母线）
7	较细实线	———	约 b/4	轮廓线、尺寸线等
8	波浪线	∿∿∿	约 b/3	视图与剖视的分界线等
9	双折线	⌇∿	约 b/3	断开处的边界线

6. 字体

汉字应采用长仿宋体简化汉字字体，高度不小于 3.5mm；字母和数字应采用罗马体单线字体，高度不小于 2.5mm，字宽约为字高的 2/3。汉字、字母和数字通常写成直体，也可写成斜体。斜体字字头向右倾斜，与水平线成 75°角。字体大小视图纸幅面大小而定，具体有 7 种字号（即字体高度，单位为 mm）：20、14、10、7、5、3.5、2.5，其最小字符高度如表 0-4 所示。

表 0-4　最小字符高度　　　　　　　　　　　　　　　单位：mm

字符高度	图幅				
	A0	A1	A2	A3	A4
汉字	5	5	3.5	3.5	3.5
数字和字母	3.5	3.5	2.5	2.5	2.5

7. 比例

比例是指所绘图形与实物大小的比值，通常使用缩小比例系列，前面的数字为 1，后面的数字为实物尺寸与图形尺寸的比例倍数，电气工程图常用比例有 1：10、1：20、1：50、1：100、1：200、1：500 等。需要注意的是，不论采用何种比例，图样所标注的尺寸数值必须是实物的实际大小尺寸，而与图形比例无关。

设备布置图、平面布置图、结构详图按比例绘制，而概略图、电路图、接线图等多不按比例画出，因为这些图是关于系统功能、电路原理、电气元件功能、接线关系等信息的，绘制的是电气图形符号，而非电气元件、设备的实际形状与尺寸。

8. 其他

（1）箭头和指引线。

① 箭头有开口箭头和实心箭头两种。开口箭头用于指示电气能量、电气信号的传递方向（能量

流、信息流流向）；实心箭头用于指示可变性、力或运动方向，以及指引线方向。

② 指引线用来指示注释的对象，应为细实线。指引线末端指向轮廓线内，用一个黑点进行标记；若指向轮廓线上，用一实心箭头标记；若指向电气连接线上，则加一短画线进行标记。指引线的表示方法如图0-12所示。

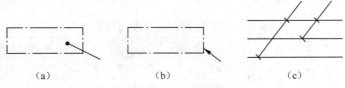

（a）　　　　　　　　　（b）　　　　　　　　　（c）

图0-12　指引线的表示方法

（2）围框。当需要在图上显示出图的某一部分，如功能单元、结构单元、项目组时，可用点画线围框表示。如在图上含有安装在别处而功能与本图相关的部分，这部分可加双点画线。围框形状可以是不规则的，但要注意的是，围框不能与元件符号相交。

（3）注释。当图示或图形符号表达不够清楚或不便于表达时，可以通过注释来进行补充解释。注释方法可采用文字、图形、表格等形式，旨在将对象表达清楚。注释通过两种方式实现，一是直接放在说明对象附近，通常在注释文字较少时使用；二是加标记，通常在注释文字较多时使用，加了编号或标记的注释放在图面的适当位置或另外一页上。

（4）尺寸标注。尺寸标注是设备制造加工和工程施工的重要依据，包括尺寸线、尺寸界线、尺寸起止点（由实心箭头或45°斜短画线构成）及尺寸数字4个要素。电气图中设备、装置及元器件的真实尺寸以图样上的尺寸数据为准，而与图形大小和绘制准确度无关；图样中的默认尺寸单位为mm；同一物体尺寸一般只标注一次。

（5）技术数据。电气图经常牵涉各种技术数据，即关于元器件、设备等的技术参数。这些技术数据在图纸上有3种表示方式：一是标注在图形侧；二是标注在图形内；三是加序号以表格的形式列出。

（6）详图。详图是指电气设备或装置中的部分结构、做法、安装措施的单独局部放大图。详图置于被放大部分的原图上，并在被放大部分上加以索引标志。

（7）安装标高。电气工程中的设备和线路在平面图中用图例表示，其安装高度不用立体图表示，而是在平面图上用标高来说明。安装标高有绝对标高和相对标高两种方式。我国绝对标高是以黄海平均海平面为零点而确定的高度尺寸；相对标高是选定某一参考面或参考点为零点而确定的高度尺寸。电气位置图均采用相对标高法来确定安装标高。

三、电气识图基本知识

电气图为电气工程的组织和实施提供必要的信息。要准确识读电气图必须了解图纸所用的标准，熟悉国家统一的图形符号、文字符号和项目代号，知道各种电气图的关系。

（一）电气图绘制的有关国家标准

电气图中的图形符号、文字符号必须统一才具备通用性，才能被技术人员识读，并有利于技术交流，这种"统一"就是国家标准。与电气制图相关的主要标准有GB/T 6988.1—2008《电气技术用文件的编制第1部分：规则》、GB/T 18135—2008《电气工程CAD制图规则》、GB/T 19045—2003《明细表的编制》、GB/T 19678.1—2018《使用说明的编制 构成、内容和表示方法 第1部分：

通则和详细要求》、GB/T 21654—2008《顺序功能表图用 GRAFCET 规范语言》、GB/T 4728—2008《电气简图用图形符号》、GB/T 17450—1998《技术制图 图线》、GB/T 14691—1993《技术制图 字体》（其中少部分内容在 2005 年修订过）、GB/T 20939—2007《技术产品及技术产品文件结构原则 字母代码 按项目用途和任务划分的主类和子类》、GB/T 4026—2019《人机界面标志标识的基本和安全规则　设备端子、导体终端和导体的标识》等，这些标准根据使用情况和国际标准的变化不定期进行修订，在国家标准化管理平台上可以查询获得最新标准信息。

（二）电气图形符号

图形符号是用于图样或其他文件以表示一个设备或概念的图形、标记或字符，是一种以简明易懂的方式来传递一种信息、表示一个实物或概念，并可提供有关条件、相关性及动作信息的工业语言。电气图中用以表示电气元件、设备及线路等的图形符号就称为电气图形符号。

1. 电气图形符号的组成

电气图形符号由一般符号、符号要素、限定符号和方框符号组成。

（1）一般符号。一般符号是一种表示一类产品或此类产品特征的通常很简单的符号，如电阻器、二极管、开关、电容器等。

（2）符号要素。符号要素是具有确定意义的简单图形，一般不能单独使用，必须同其他图形组合以构成一个设备或概念的完整符号。例如，电子管的符号要素包括灯丝、栅极、阳极和管壳。符号要素组成符号时，其布置可以同符号所表示设备的实际结构不一致，且符号要素的不同组合可以构成不同的符号。

（3）限定符号。限定符号是一种用以提供附加信息的加在其他符号上的符号，用来说明某些特征、功能和作用，一般不能单独使用。

一般符号加上不同的限定符号后，可以得到不同的专用符号。例如，在电阻器的一般符号上加以不同的限定符号可以得到可变电阻器、热敏电阻器、滑线变阻器等。有些一般符号也可以用作限定符号。例如，在传感器符号上加上电容器的一般符号，就构成了电容式传感器。

（4）方框符号。方框符号是用来表示元件、设备等的组合及其功能，既不给出元件、设备的细节，也不考虑所有连接的一种简单图形符号。方框符号通常用在使用单线表示法的图中，也可用在全部示出输入和输出接线的图中。

2. 电气图形符号的分类

最新的《电气简图用图形符号》的国家标准代号是 GB/T 4728，采用国际电工委员会（IEC）标准，具有国际通用性。GB/T 4728 一共包含 13 个部分，各部分的标准代号为 GB/T 4728.1~5—2018、GB/T 4728.6~13—2008，内容如下。

第 1 部分：一般要求

最新的一般要求为 GB/T 4728.1—2018，以替代 GB/T 4728.1—2005 第一部分，对 GB/T 4728 适用范围、规范性引入文件、电气简图用图形符号做了概述性的一般说明。

第 2 部分：符号要素、限定符号和其他常用符号

包括轮廓和外壳的表达、电流和电压的种类、内在的和非内在可变性、力和运动的方向、材料类型、辐射、信号波形、操作件和操作方法、非电量控制理想电路元器件等的名称、图形符号、功能、应用等的描述。

第 3 部分：导体和连接件

包括各种导线、接线端子和导线的连接、连接器件、电缆附件等的名称、图形符号、功能等的描述。

第 4 部分：基本无源元件

对无源元件，包括各种电阻器、电容器、电感器等名称、图形符号、功能、应用等的描述。

第 5 部分：半导体管和电子管

对半导体和电子管，包括各种二极管、三极管、晶闸管、电子管、辐射探测器等及其各组成部分名称、图形符号、功能、应用等的描述。

第 6 部分：电能的发生与转换

对电能的发生与转换的装置，包括绕组、发电机、电动机、变压器、变流器、电池组等的名称、图形符号、应用等的描述。

第 7 部分：开关、控制和保护器件

对开关、控制和保护器件，包括触点（触头）、开关、开关装置、控制装置、电动机起动器、继电器、熔断器、间隙、避雷器等的名称、功能、图形符号、应用的描述。

第 8 部分：测量仪表、灯和信号器件

对指示、记录和积算仪表，包括指示仪表和记录仪表、热电偶、遥测装置、电钟、传感器、灯、铃和喇叭等器件的名称、图形符号、应用等的描述。

第 9 部分：电信中的交换和外围设备

对电信应用中使用的交换和外围设备，包括交换系统、选择器、电话机、电报和数据处理设备、传真机、换能器、记录和播放等设备的名称、功能、图形符号、应用的描述。

第 10 部分：电信中的传输

对电信应用中的传输线路、设备，包括通信电路、天线及无线电台、端口器件、信号发生器、调制器、解调器、集线器、频谱图、光纤传输线路器件等的名称、功能、图形符号、应用的描述。

第 11 部分：建筑安装平面布置图

对建筑物电气装置、设备、线路安装平面图相关的，包括发电站、变电站、网络、音响和电视的电缆配电系统、插座及电灯、建筑用设备、露天设备等的名称、功能、图形符号、应用的描述。

第 12 部分：二进制逻辑元件

对二进制逻辑元件，包括限定符号、关联符号、组合和时序单元、运算器单元、延时单元、双稳、单稳和非稳单元、位移寄存器、计数器和储存器等的名称、功能、图形符号、应用的描述。

第 13 部分：模拟元件

对各种模拟元件，包括模拟和数字信号识别用的限定符号、放大器的限定符号、函数器、坐标转换器、电子开关等的名称、功能、图形符号、应用的描述。

3. 常用电气工程图形符号

表 0-5 给出了部分常用的电气图形符号和文字符号，更加详细的资料可以查阅相关的国家最新标准。

表 0-5　常用电器的电气图形符号及其文字符号

名　称		图形符号	文字符号	名　称		图形符号	文字符号
三相电源开关			Q	继电器	中间继电器线圈	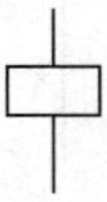	KA
低压断路器			QF		欠电压继电器线圈	$U<$	KV
熔断器			FU		过电流继电器线圈	$I>$	KI
位置开关	常开触点	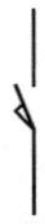	SQ		欠电流继电器线圈	$I<$	
	常闭触点				常开触点		与对应继电器线圈符号一致
	复合触点				常闭触点		
接触器	线圈	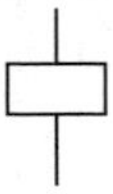	KM	热继电器	热继电器线圈	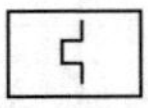	FR
	主触点				热继电器触点		
	常开辅助触点			速度继电器	常开触点	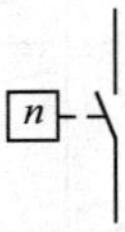 n	KS
	常闭辅助触点				常闭触点	n	

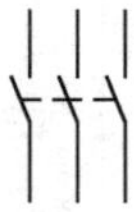

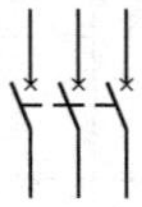

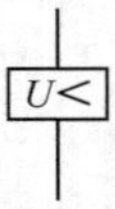

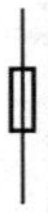

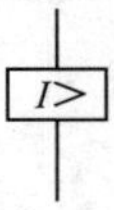

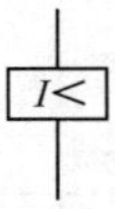

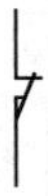

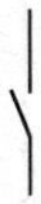

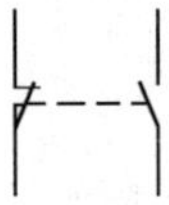

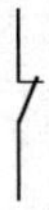

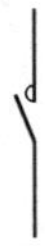

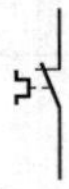

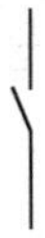

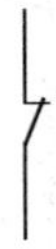

13

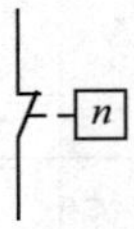

名　　称		图形符号	文字符号	名　　称	图形符号	文字符号
时间继电器	线圈	⊠□ ■□	KT	压敏电阻器		RV
	常开延时闭合触点			热敏电阻器		RT
	常闭延时闭合触点			接插器		X
	常闭延时打开触点			桥式整流装置		VC
	常开延时打开触点			电磁铁		YA
按钮	启动	E-\	SB	制动电磁铁		YB
	停止	E-/		电磁离合器		YC
	复合	E-\/		电磁吸盘		YR
双绕组变压器			TM	照明灯	⊗	EL
三绕组变压器				信号灯		HL
电阻器			R	转换开关、控制开关、选择开关		SA
电位器			RP	直流发电机	Ω	G

14

名　　称	图形符号	文字符号	名　　称	图形符号	文字符号
他励直流电动机		M	复励直流电动机		M
并励直流电动机		M	三相绕线式异步电动机		M
串励直流电动机		M	三相鼠笼式异步电动机		M

4. 图形符号应用的说明

在绘制电气图时应注意以下事项。

（1）所用的图形符号，均按无电压、无外力作用的正常状态画出。

（2）某些设备元件有多个图形符号，尽可能采用优选形、最简单的形式，并在同一图号的图中使用同一种形式图形符号。

（3）符号的大小和图线的宽度一般不影响符号的含义。

（4）避免导线弯折或交叉。

（5）若某些特定装置或概念的图形符号在标准中未列出，允许通过已规定的一般符号、限定符号和符号要素适当组合派生出新的符号。

（三）文字符号和项目代号

1. 文字符号

文字符号由电气设备、装置和元件的种类（名称）字母代码和功能（与状态、特征）字母代码组成，以表明名称、功能、状态和特征。此外，它还可与基本图形符号和一般图形符号组合使用，以派生新的图形符号。

文字符号应按有关电气名词术语国家标准或专业标准中规定的英文术语缩写而成。当设备名称、功能、状态或特征为一个英文单词时，一般采用该单词的第一位、前两位字母或前两个音节的首位字母构成文字符号；当为 2 个或 3 个英文单词时，一般采用该 2 个或 3 个单词音节的第一位字母，或采用常用缩略语或约定俗成的习惯用法构成文字符号。

文字符号分为基本文字符号和辅助文字符号两大类。

（1）基本文字符号。基本文字符号有单字母符号和双字母符号两种。

① 单字母符号是按拉丁字母将各种电气设备、装置和元件划分为 23 大类，每大类用 1 个专用单字母符号表示，如"C"表示电容器类、"R"表示电阻器类等。

② 双字母符号由 1 个表示种类的单字母符号与另一字母组成，其组合形式应以单字母符号在前而另一字母在后的次序列出，如"R"表示电阻器，"RP"就表示电位器，"RT"表示热敏电阻器；"G"表示电源、发电机、发生器，"GB"就表示蓄电池，"GS"表示同步发电机、发生器，"GA"表示异步发电机。

常用的基本文字符号见附录中的附表 1。

（2）辅助文字符号。辅助文字符号表示电气设备、装置和元器件以及线路的功能、状态和特征，如"SYN"表示同步，"L"表示限制（左或低），"RD"表示红色，"ON"表示闭合，"OFF"表示断开等。常用辅助文字符号见附录中的附表 2。

（3）文字符号的使用规则。文字符号在使用时单字母符号优先，只有当用单字母符号不能满足要求时，才采用双字母符号，如"F"表示保护器类，"FU"表示熔断器，"FV"表示限压保护器件。

辅助文字符号可以单独使用，也可以放在单字母符号后边组成双字母符号，如"ST"表示启动，"DC"表示直流，"AC"表示交流。若辅助文字符号由多个字母组成时，可以用其第一位字母进行组合，如"M"表示电动机，"S"为辅助文字符号"SYN"（同步）的第一位字母，则"MS"就表示同步电动机。

2. 项目代号

项目代号是用以识别图、表图、表格中和设备上的项目种类，并提供项目的层次关系、实际位置等信息的一种特定的代码。通过项目代号可以将不同的图或其他技术文件上的项目（软件）与实际设备中的该项目（硬件）一一对应和联系在一起。

项目代号由拉丁字母、阿拉伯数字、特定的前缀符号，按照一定规则组合而成。一个完整的项目代号含有 4 个代号段：高层代号段、种类代号段、位置代号段、端子代号段。

（1）高层代号。高层代号是指系统或设备中任何较高层次（对给予代号的项目而言）项目的代号，前缀符号为"="。例如，=S2–Q3 表示 S2 系统中的开关 Q3，其中"=S2"为高层代号。

（2）种类代号。种类代号是用以识别项目种类的代号，前缀符号为"–"。种类代号可以由字母代码和数字组成，如–K2 和–K2M；也可以用顺序数字（1、2、3、…）表示图中的各个项目，同时将这些顺序数字和它所代表的项目排列于图中或另外的说明中，如–1、–2、–3、…，对不同种类的项目采用不同组别的数字编号。

（3）位置代号。位置代号指项目在组件、设备、系统或建筑物中的实际位置的代号，其前缀符号为"+"。位置代号由自行规定的拉丁字母或数字组成。在使用位置代号时，就给出表示该项目位置的示意图。例如，+204+A+4 可写为+204A4，意思为 A 列柜装在 204 室第 4 机柜。

（4）端子代号。端子代号通常只与种类代号组合，前缀符号为"："，采用数字或大写字母组成。例如，"–S4：A"表示控制开关 S4 的 A 号端子。

项目代号的应用格式为：

=高层代号段–种类代号段（空格）+位置代号段

其中，高层代号段对于种类代号段是功能隶属关系，位置代号段对于种类代号段来说是位置信息。

例如：=A1 – K1 + C8S1M4

表示 A1 装置中的继电器 K1，位置在 C8 区间 S1 列控制柜 M4 柜中。

例如：=A1P2 – Q4K2 + C1S3M6

表示 A1 装置 P2 系统的 Q4 开关中的继电器 K2，位置在 C1 区间 S3 列操作柜 M6 柜中。

（四）电气图的布局

1. 图线的布置

电气图中表示导线、信号通路、连接线等的图线一般应为直线，在绘制时要求横平竖直，尽可能减少交叉和弯折，并根据所绘电气图种类，合理布置。

（1）水平布置形式。将设备及电气元件图形符号从上至下横向排列，连线水平布置，类似项目纵向对齐，如图 0-13 所示。

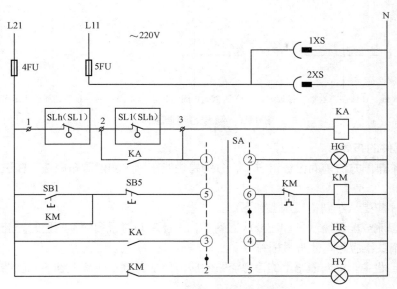

图 0-13　水平布置的电气原理图

（2）垂直布置形式。设备及电气元件图形符号从左至右纵向排列，连接线垂直布置，一般电气原理图均采用此布置方法，如图 0-14 所示。

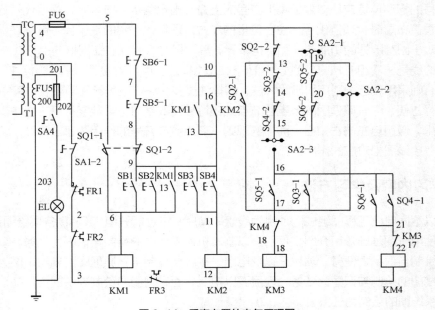

图 0-14　垂直布置的电气原理图

若图中图线出现交叉，要遵循交叉节点的通断原则，即十字交叉节点处绘制黑圆点表示两交叉连线在该节点处接通，无黑圆点则无电联系；T 形节点则为接通节点，无须用黑圆点表示，如图 0-15 所示。

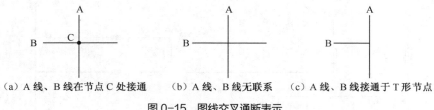

（a）A 线、B 线在节点 C 处接通　　（b）A 线、B 线无联系　　（c）A 线、B 线接通于 T 形节点

图 0-15　图线交叉通断表示

2. 电路或元件的布局

电气图的基本布局方法前面已经讲过了，分别是功能布局法和位置布局法。在进行功能布局时应注意以下几点。

（1）布局顺序应是从左到右或从上到下。

（2）如果信息流或能量流从右到左或从上到下，以及流向对看图都不明显时，应在连接线上画开口箭头。开口箭头不应与其他符号相邻近。

（3）在闭合电路中，前向通路上的信息流方向应该是从左到右或从上到下。反馈通路的方向则相反。

（4）图的引入线、引出线最好画在图纸边框附近。

3. 文字标注规则

电气图中文字标注遵循就近标注规则与相同规则。所谓就近规则是指电气元件各导电部件的文字符号应标注在图形符号的附近位置；相同规则是指同一电气元件的不同导电部件必须采用相同的文字标注符号。

项目代号的标注位置应尽量靠近图形符号的上方。当电路水平布置时，项目代号标在符号的上方；当电路垂直布置时，项目代号标注在符号的左方。项目代号中的端子代号就标在端子或端子位置的旁边。对于画有围框的功能单元和结构单元，其项目代号就标注在围框的上方或左方。

电路图的线号一般用 L1/L2/L3 或 L11/L21/L31 标注，也可用 U、V、W 等标注。如果必须标出连线规格，则采用就近原则用引出线标注，若标注过多，可在电气元件明细表中集中标注。

为了注释方便，电气原理图的各电路节点处还可标注数字符号。数字符号一般按支路中电流的流向顺序编排，遵循自左向右和自上而下的规则。节点数字符号的作用除了注释外，还起到将电气原理图与电气接线图相对应的作用。

四、学习内容及学习方法

本书是以不同电气工程图组成的项目为线索来循序渐进地展开电气 CAD 各项绘图技能学习的。绪论主要包括电气图基础知识介绍；项目一以基本机械零件图的绘制与识图为任务；项目二以调频器电路图的绘制与识图为任务；项目三以继电器—接触器控制电路原理图绘制与识图为任务；项目四以电气接线图的绘制与识图为任务；项目五以电气平面布置图的绘制与识图为任务；项目六以两个电气工程系统图的绘制为任务。

以上 6 个项目涵盖了典型的电气工程图，并将 AutoCAD 的绘图技巧分散在各项目的具体操作中，使读者在学习应用 AutoCAD 对二维平面的电气图进行绘制的同时，掌握典型电气工程图绘制的技能与技巧，同时具备一定的识读能力。

由于每个项目是按照电气图实际绘制过程设计的，因此便于读者在学习过程中跟随项目的展开，边做边学，并通过后面设置的自测题进行练习，来加强每个项目需要掌握的重点绘图知识和技巧。

大部分项目后面设有拓展知识环节，主要提供一些与电气工程制图相关的其他领域知识、AutoCAD 制图技巧与辅助知识等，为读者进一步学习提供知识的延伸。

书后的附录包括了一些电气制图的信息，同时本书配套了主要绘图技能的教学视频（扫描对应二维码获得）、项目的电子图纸、一些绘图资源，以方便读者在电气图绘制时查询。

小结

本部分对 AutoCAD 软件进行了概述，详细介绍了电气图的主要分类，即概略图、电路图、接线图、位置图等 6 大类，描述了电气图关于简图、表示符号、主要表现符号、布局等特点，列出了电气图关于图幅、图线、标题栏、字体比例等规范的主要内容，简单介绍了国家相关的电气制图标准，对电气图形符号的组成、分类进行了说明，给出了电气制图文字符号和项目代号表示方法，并简单介绍了电气图的布局、电气元件的布局及文字标注的规则，为后面的项目学习打下基础。

自测题

一、简答题

1. 电气工程图常见的有哪几类？作用是什么？
2. 电气图有什么特点？
3. 电气图的常用图幅包括哪些？
4. 图幅分区具有什么意义？如何解读 05/D3？
5. 什么是图形符号？电气图形符号由哪几部分组成？
6. 电气图一般如何布局？
7. 电气图中电气元件的表示方法有哪几种？各有何优点？

二、填空题

1. _____也称为电气原理图，是一种不按电气元件、设备的实际位置绘制的一种简图。
2. 用以表示成套装置、设备或装置的连接关系的简图或表格称为_____图。
3. _____是用图形符号、带注释的围框或简化外形表示包括连接线在内的一个系统或设备中各组成部分之间相互关系的一种图示形式。
4. 图形符号、_____和_____是电气图的主要组成部分。
5. 构成电气图的主要元素是_____和_____。
6. 电气图形符号由一般符号、_____、_____、方框符号组成。
7. 一般符号可以和_____结合使用以得到不同的专用符号。
8. 文字符号分为_____和_____两大类。

9. 辅助文字符号＿＿＿＿＿＿（可以/不可以）单独使用。

10. 一个完整的项目代号含有高层代号段、＿＿＿＿＿＿代号段、＿＿＿＿＿＿代号段、端子代号段。

11. 电气元件有＿＿＿＿＿＿、＿＿＿＿＿＿和＿＿＿＿＿＿3 种表示方法。

12. 电气图的多样性通过对＿＿＿＿＿＿、信息流、＿＿＿＿＿＿、＿＿＿＿＿＿的不同描述来反映。

13. 逻辑流用于表述各种电气设备和装置之间＿＿＿＿＿＿关系。

14. 在绘制一张电气图时，相同的元器件及设备应该使用＿＿＿＿＿＿（同一种/不相同）图形符号。

15. 电气图中进行文字标注采用＿＿＿＿＿＿规则与＿＿＿＿＿＿规则。

三、实做题

请自行安装 AutoCAD 软件（2010 版本或更高版本），安装完成后进行操作体验，记录下操作问题，留待课堂交流。

四、思考题

某处两山之间的大桥突然发生支架垮塌，横跨在 3 个桥墩上的两段正在浇筑的桥面轰然坠下，共造成 8 人死亡、12 人受伤。这起事故发生的主要原因是支架搭设时基础施工不符合相关规范要求，部分支架钢管壁厚不够，部分支架主管与枕木之间缺垫板。请大家结合本项目所学习的制图的各项规范，认真思考并回答在实际生活中我们所遇到的规范、规定和规则的作用是什么？如何保证规范、规定和规则的有效执行？

项目一
机械轴零件图的绘制与识图

01

【能力目标】

通过某机械轴零件图的绘制，具备 AutoCAD 软件的基本操作能力，能熟练使用部分常用绘图工具，并具备普通机械图识图能力。

【知识目标】

1. 掌握启动/退出 AutoCAD 2010 软件及创建新图形文件的方法。
2. 掌握 AutoCAD 图形文件的创建、保存、退出方法。
3. 熟悉 AutoCAD 2010 的工作界面。
4. 掌握"绘图"工具栏中常用绘图命令的使用方法。
5. 掌握"修改"工具栏中常用修改命令的使用方法。
6. 灵活设置和运用对象捕捉追踪功能。
7. 掌握基本的尺寸标注方法。

【素质目标】

通过对实训室管理与操作规章制度学习，培养规范操作意识和基本职业素养。

项目导入

电气控制系统设计是以满足设备及其装置的运行要求为目的的，而电气装置的安装和调试更要和机械设备打交道，因此电气工程技术人员需要具备一定的机械制图和识图的基本能力，图 1-1 所

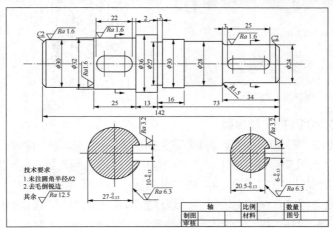

图 1-1　某机械轴零件图

示的某机械轴零件图就是一种典型的机械设计图。本项目要求运用 AutoCAD 软件的绘图基本命令（直线、圆、倒角、填充等）和常用修改命令（偏移、修剪等），并结合对象捕捉追踪工具，根据图示尺寸完成该图的绘制，使用标注工具（线性标注、基线标注、连续标注、半径标注、极限偏差标注）对轴零件基本尺寸进行标注，对机械零件图形成初步认识。

相关知识

一、AutoCAD 2010 操作界面

（一）AutoCAD 2010 的启动与退出

（1）使用下面 4 种方法都可以很快地启动 AutoCAD 2010。

方法一：双击 AutoCAD 2010 快捷方式图标 。

方法二：右键单击 AutoCAD 2010 快捷方式图标 ，在弹出的快捷菜单中选择"打开"命令。

方法三：单击 Windows 状态栏的"开始"→"程序"→"Autodesk 文件夹"→"AutoCAD 2010-SimplifiedChinese"→"AutoCAD 2010"，启动 AutoCAD 2010。

方法四：双击已有的 AutoCAD 图形文件（文件的后缀为.dwg），也可以启动 AutoCAD 2010，并直接进入该图形文件的编辑界面。

（2）退出 AutoCAD 2010 也有 4 种方法可以使用。

方法一：在 AutoCAD 2010 标题栏中，单击"关闭"按钮 。

方法二：在 AutoCAD 2010 标题栏中双击程序图标 。

方法三：在菜单栏选择"文件"→"退出"命令。

方法四：在命令行中，输入 EXIT 或者 QUIT 命令，然后按 Enter 键。

在退出 AutoCAD 2010 时，如果还没对打开并修改过的图形进行保存，系统会提示是否要将更改保存到当前的图形中，如图 1-2 所示。单击"是"按钮将退出 AutoCAD 2010 并保存修改；单击"否"按钮将不保存更改并退出 AutoCAD 2010；单击"取消"按钮将不退出 AutoCAD 2010，维持当前状态。

图 1-2　保存提示对话框

1-1　启动

1-2　退出

（二）AutoCAD 2010 的工作界面

中文版 AutoCAD 2010 的典型工作界面如图 1-3 所示，与 2008 版本有了较大改动，更加突出了人机交互性。该工作界面中包括了快速访问工具栏、标题栏、菜单栏、功能区及多种形式工具面板（功能区面板、右侧工具选项板等）、绘图窗口、命令行、状态栏等几个部分，其中标题栏显示 AutoCAD 的版本信息和当前操作的文档名，同时通过搜索框提供多个位置（包括 Autodesk 联机等网络服务）的信息搜索功能，当然也可单击 打开系统帮助手册获得问题解答。

1-3　工作界面

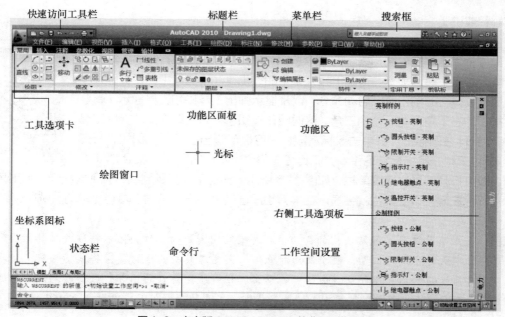

图 1-3　中文版 AutoCAD 2010 的典型工作界面

1. 菜单栏

AutoCAD 2010 的菜单栏包含文件、编辑、视图等 12 项内容，如图 1-4 所示。如果要显示某个下拉菜单，可以单击该菜单名称，或者同时按下 Alt 键和显示在该菜单名右边的热键字符。例如，单击菜单栏的"格式"可以展开其下拉菜单，也可以同时按下 Alt 键和 O 字符来完成。

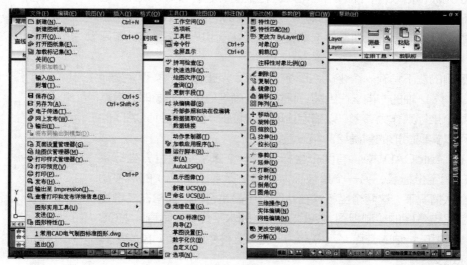

图 1-4　下拉菜单栏

当使用菜单栏各项命令时，如果命令呈现灰白色，表示该命令/功能不可用，如图 1-4 中的"文件"下拉菜单中的"局部加载"命令；有些命令后带有 ▶ 符号，表示该命令还有子命令，如图 1-4 中"工具"下拉菜单中的"工作空间""选项板"等命令，将鼠标指针移动到该条目上就可以查看该命令所包含的所有子命令；有些命令后带有"..."符号，单击该命令将弹出一个与该命令有关的参数等选项的对话框；将鼠标指针停留在下拉菜单中的某个命令上，系统会在屏幕最下方左侧显示该命令的解释或说明。

2. 工具栏

工具栏中包含许多由图标表示的命令按钮，例如图 1-3 中右侧的工具选项板、功能区的各工具选项卡、顶部下拉菜单中的"工具"中的"工具栏"子菜单等。使用工具栏上的按钮可以启动命令，以及显示弹出工具栏和工具提示。有些工具栏按钮的右下角带有一个小三角，这说明该按钮包含有关命令的"弹出工具栏"，将指针停在图标上，并单击鼠标左键，即可显示弹出工具栏。例如，打开"工具"下拉菜单，鼠标指针下移到"工具栏"命令，水平右移到"AutoCAD"子命令，即可打开工具快捷菜单栏，如图 1-5 所示。移动鼠标指针到要打开（或显示）的工具栏名称上单击鼠标左键，该工具栏就会显示在屏幕绘图窗口中，已显示的工具栏名称前有选中☑符号。

1-4 工具栏

> **小窍门：** 如果有些工具是经常使用的，为了不影响绘图窗口的工作，可以将这些工具栏固定在用户认为方便的位置，便于使用和管理。固定工具栏的操作是，将鼠标指针定位在该工具栏的名称上或任意空白区，拖动工具栏到绘图窗口的顶部、底部或两侧，当固定区域中显示工具栏的轮廓时，松开鼠标即可。这种形式在下一次打开 AutoCAD 时仍然保持。

3. 绘图窗口与坐标系图标

（1）绘图窗口是用户绘图的工作区域（见图 1-3 中空白区域），用户绘制的所有内容都显示在这个区域内，只要鼠标指针移到该工作区域，就会出现十字光标和拾取框，此时用户可以进行绘图、对象选择等操作。拖动绘图窗口右侧与底部滚动条上的滑块或单击两侧的箭头按钮可以移动图纸。绘图窗口底部有一系列选项卡标签，用以引导用户查看图形的布局视图。

绘图窗口的左下角有一个坐标系图标，用来表示坐标系的类型、坐标原点以及 x、y、z 轴的方向。在绘图过程中要精确定位某个对象时，常常需要使用某个坐标系作为参考，以确定拾取点的位置。使用 AutoCAD 的坐标系就可以实现图形的精确绘制和设置。

（2）在 AutoCAD 中，有两个坐标系，一个是被称为世界坐标系（WCS）的固定坐标系，另一个是被称为用户坐标系（UCS）的可移动坐标系。默认情况下，这两个坐标系在新图形中是重合的。通常在二维视图中，也就是电气图的绘制视图，WCS 的 x 轴水平，y 轴垂直。WCS的原点为 x 轴和 y 轴的交点 $O(0,0)$。图形文件中的所有对象均由其 WCS 坐标定义。

在创建二维图形对象时，可以通过 4 种坐标表示方法来定位，它们是绝对直角坐标、绝对极坐标、相对直角坐标和相对极坐标，其表示方式如图 1-6 所示。

① 绝对直角坐标：从点坐标系原点（0，0）出发的位移，可以使用分数、小数或者科学记数等形式表示点的 x 轴、y 轴坐标，坐标间用逗号隔开。

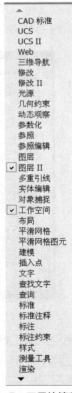

图1-5　工具快捷菜单栏

思考： 如图 1-6 所示，A 点坐标为（30，20），那么 B 点的绝对直角坐标是多少？

② 绝对极坐标：从原点（0，0）出发的位移，但给定的是距离和角度，其中，距离和角度用"<"分开，且规定 x 轴正向为 0°，y 轴方向为 90°。如图 1-7 所示，实心点的绝对极坐标是（34 < 30），表示该点距离原点 34，与 x 轴的夹角是 30°。

思考： 图 1-6 中 B 点的绝对极坐标为什么是（$30\sqrt{2}$ < 45）？

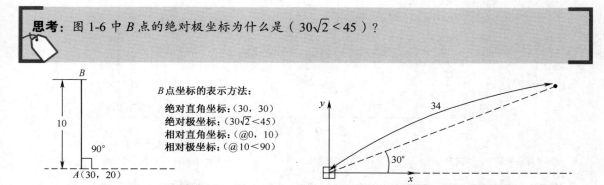

图 1-6　坐标表示方法示意图　　　　图 1-7　绝对极坐标表示方法

③ 相对直角坐标：指相对于某一点的 x 轴和 y 轴位移，它的表示方法是在绝对坐标表达方式前加上"@"号，如图 1-6 中 B 点相对直角坐标为（@0，10），表示距离 A 点的 x 轴位移为 0，y 轴的位移为 10。

④ 相对极坐标：指相对于某一点的距离和角度。它的表示方法是在绝对极坐标表达方式前加上"@"号，其中的角度是新点和上一点连线与 x 轴的夹角，如图 1-6 中 B 点（@10< 90），表示与 A 点间的距离为 10，与 x 轴夹角为 90°。

4. 命令行窗口与文本窗口

（1）命令行窗口位于绘图区下方，用于接收用户的命令输入以及显示输入命令后的提示信息，如图 1-8 所示。

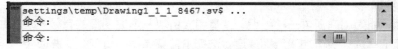

图 1-8　命令行窗口

（2）文本窗口是记录 AutoCAD 命令的窗口，按下 Win 键和 F2 键即可打开文本窗口，如图 1-9 所示，也可通过选择"视图"→"显示"→"文本窗口"命令。在文本窗口命令行内输入命令，系统自动在命令行窗口内同步输入。另外，还可以在文本窗口和 Windows 剪切板之间剪切、复制和粘贴文本，多数 Windows 常用的 Ctrl 组合键和光标键也能在文本窗口中使用。

1-5　命令行窗口与文本窗口

5. 状态栏

状态栏位于 AutoCAD 工作界面的最底部，如图 1-10 所示，用来显示当前光标的坐标位置，同时还显示绘图辅助工具的状态等。

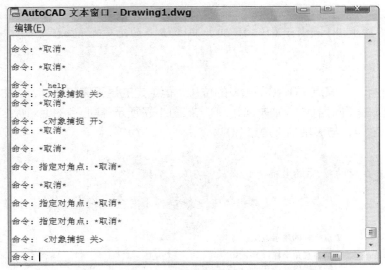

图1-9　文本窗口

图1-10　状态栏

将鼠标指针移到绘图辅助工具各图标位置，指针跟随位置会显示按钮功能，从左至右依次为"捕捉""栅格""正交""极轴""对象捕捉""对象追踪"等，这些辅助工具对快速和精确绘图的作用很大。单击按钮可以打开或者关闭相应的绘图工具。按钮显示高亮状态，表示该按钮对应的绘图辅助工具打开；反之则表示该按钮对应的绘图辅助工具关闭。

小窍门：单击状态栏最右侧的 ▬，打开状态栏菜单，根据需要定制自己的状态栏。

6．工具选项板

工具选项板，能为用户提供一种组织、共享和放置块及填充图案的有效方法，如图1-3中右侧所示，合理使用工具选项板可加快绘图速度。选择下拉菜单"工具"→"选项板"→"工具选项板"命令，可以打开图1-11所示的工具选项板。用户可以单击选项板右上角的"特性"图标 ▤，图中弹出的快捷菜单中已默认选择"工程制图"工具，用户可以根据所绘图纸类型来选择其他选项，进行工具的添加。

7．对话框与快捷菜单

（1）在选择 AutoCAD 的某些命令后，系统常常会弹出一个对话框，在对话框中可以方便地进行数值输入、参数设定、选项选取等操作。例如，选择下拉菜单"插入"→"块"命令后，系统会弹出图1-12所示的"插入"对话框。

（2）当在绘图窗口、工具栏、状态栏、"模型"与"布局"标签以及对话框内的一些区域单击鼠标右键时，可以得到不同的弹出快捷菜单，以供快速选择与某一对象相关的操作命令。例如，选择绘制圆形命令后，在绘图区任意位置单击鼠标右键，系统将弹出图1-13所示的快捷菜单，可以重复圆的绘制命令或剪切、复制、粘贴对象，也可以查看对象属性等。在绘图的过程中可以随时打开这样的快捷菜单来快速执行一些操作，提高绘图的效率。

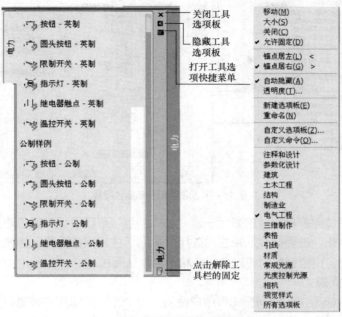

图 1-11　工具选项板及其快捷菜单

图 1-12　"插入"对话框

图 1-13　快捷菜单

8. 设置绘图窗口背景颜色

绘图窗口中"模型"选项卡中的默认配色方案是暗色，"布局"选项卡中的背景是白色，系统允许用户根据使用习惯和爱好对绘图窗口背景颜色进行设置。

选择下拉菜单"工具"→"选项"命令，打开图 1-14 所示的"选项"对话框。打开"显示"选项卡，单击"窗口元素"中的"颜色"按钮，打开"图形窗口颜色"对话框，选择"上下文"列表框中的"二维模型空间""界面元素"列表框中的"统一背景"。

1-6　绘图窗口
颜色设置

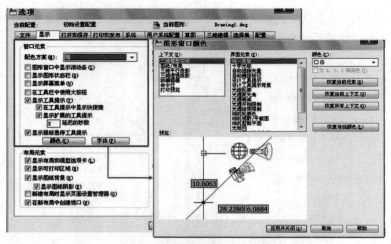

图1-14　绘图窗口背景颜色设置

单击"颜色"下拉列表框，单击最后一项"选择颜色"可获得更多颜色选择，光标和默认的图线样颜色跟随自动变化，选择完成后单击"应用并关闭"按钮保存设置。例如，黑色背景对应白色光标和白色默认图线，白色背景对应黑色光标和黑色默认图线。

9. 选择工作空间模式

系统提供了4种典型工作空间模式供用户使用，每个工作空间预先布置打开了一些工具栏，设置了工具选项板部分内容。设计人员可以根据设计类型切换工作空间模式，以便快速进入预置的绘图环境。

选择下拉菜单"工具"→"工作空间"命令，可在二维草图与注释、三维建模、AutoCAD 经典、初始设置工作空间4种中任选一种。前3种模式如图1-15所示，第4种模式如图1-3所示。

图1-15　工作空间模式

10. 设置图形单位

由于 AutoCAD 广泛地应用于世界各地，有些国家习惯使用英制单位，如英寸、英尺等，而我国则习惯使用米制单位（即 AutoCAD 2010 中的"公制单位"），如米、毫米等，所以在开始创建图形前，必须根据项目和标注的不同要求先设定单位制及相应的精度。

（1）默认设定：AutoCAD 2010 默认米制单位设定。

（2）详细设置：选择下拉菜单"格式"→"单位"命令，系统弹出图 1-16 所示的"图形单位"对话框，在该对话框中可以完成长度类型及精度、角度类型及精度、缩放比例、方向的设置。图 1-16 中显示为系统默认设置，单击各项可进行详细设置。

（三）图形文件管理

1. 新建 AutoCAD 图形文件

AutoCAD 为用户提供了一些样板文件，包含绘图的一些通用设置，如图层、线型、文字样式等。利用样板创建新文件，不仅可以提高设计效率，保证设计图形的一致性，而且有利于设计的标准化。

1-7 新建

选择下拉菜单"文件"→"新建"命令（或单击快速访问工具栏中的"新建"按钮 ），系统会弹出图 1-17 所示的"选择样板"对话框，在"名称"列表中选择样板，右侧预览提供所选样板的缩略图，然后单击"打开"按钮，即返回绘图窗口，在选定模板样式下进行绘图。

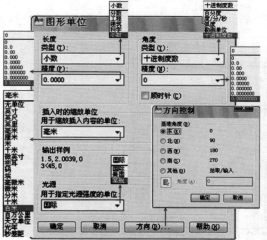

图 1-16 图形单位的设置

图 1-17 "选择样板"对话框

2. 打开 AutoCAD 图形文件

若要打开已有的图形文件，可以选择下拉菜单"文件"→"打开"命令（或单击快速访问工具栏中的"打开"按钮 ），此时系统弹出图 1-18 所示的"选择文件"对话框。

1-8 打开

默认打开的图形文件类型为*.dwg 类型，也可通过"文件类型"列表框来选取其他类型。在"文件名"列表框中选择需要打开的图形文件后，右侧的"预览"区将显示该图形的预览图像。系统提供"打开""以只读方式打开""局部打开"和"以只读方式局部打开"4 种方式打开文件。

3. 保存、退出 AutoCAD 图形文件

在设计过程中要养成经常保存文件的好习惯，可以在系统故障或其他相关意外发生时将损失降到最小。进行常规保存可以选择下拉菜单"文件"→"保存"命令（或单击快速访问工具栏中的"保存"按钮 ）保存文件。若为第一次保存文件，则会打开图 1-19 所示的"图形另存为"对话框，选择要保存文件的路径，并输入文件名、选择文件类型，如果希望文件可以在较低版本中打开，就需要选择版本较低的格式来保存。一般保存则可以随时单击快速访问工具栏中的"保存"按钮 进行保存，以防止突然断电、计算机故障等引起的突然中断，造成已做工作的丢失。

1-9　保存

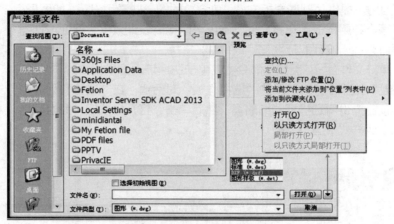

图 1-18　"选择文件"对话框

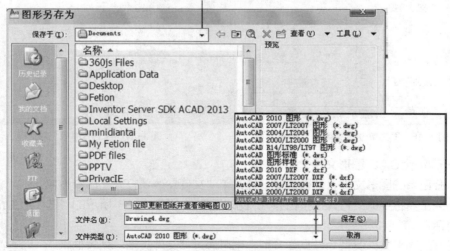

图 1-19　"图形另存为"对话框

退出或关闭 AutoCAD 窗口的方法在前面 AutoCAD 2010 的退出中已经讲过。若希望只关闭图形文件而不退出系统，可单击菜单栏最右边的图标 。

小窍门： 可以借助系统来帮助我们进行经常保存文档的工作。单击下拉菜单"工具"→"选项"命令，打开"选项"对话框，单击"打开和保存"标签，进入图 1-20 所示的参数设置界面，设置自动保存文件的相关参数。例如，设定自动保存时间间隔为 10min，就可以让系统每隔 10min 自动保存一次。

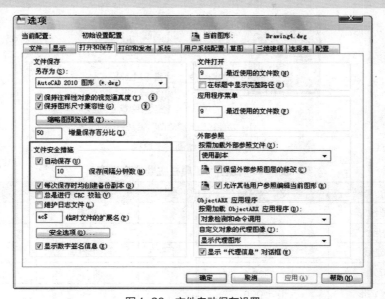

图 1-20　文件自动保存设置

二、AutoCAD 绘图常用工具及命令

电气工程图是典型的二维平面图，在绘制过程中主要使用绘图工具中的平面绘制命令、修改命令、尺寸标注的功能。其中，各种图形对象的绘制命令集合在"绘图"工具栏中，修改命令集合在"修改"工具栏中，尺寸标注命令集合在"标注"工具栏中。AutoCAD 2010 将文字输入命令集合在"绘图"工具栏中，而不是像 2008 版本那样独立设置"文字"工具栏。

AutoCAD 的各种操作命令（包括绘图命令）的输入方法有 4 种。最常用的输入方法是工具栏快捷按钮输入法，其次是菜单输入法，喜欢使用键盘的用户则可以采用命令行输入法和快捷键输入法，在输入命令时大写或小写均可。

当某个命令需要重复执行时，可以直接按回车键、空格键或单击鼠标右键来重复上一个命令；当某个命令需要中断时，直接按 Esc 键即可退出命令执行状态。

下面简单介绍"绘图"工具栏、"修改"工具栏和"标注"工具栏的命令及其功能，其使用方法则在项目实施中具体展开。

（一）"绘图"工具栏

在绘图工作界面中，若选择的工作空间为 AutoCAD 经典，系统默认的"绘图"工具栏位置是在左边线固定，也可拖动该工具栏到右边线或顶部工具栏区，或拖动到绘图窗口的任意位置，浮动"绘图"工具栏如图 1-21（a）所示；若选择了其他工作空间，系统默认的"绘图"工具栏位置在功能区"常用"选项卡中，如图 1-21（b）所示。"绘图"工具栏中列出了大部分常用的绘图命令，可

1-10　"绘图"
工具栏

以满足二维平面图的绘制需求。如果需要使用其他绘制命令，可以单击打开"绘图"下拉菜单，在菜单列表中选取。"绘图"工具栏中的主要命令内容如表 1-1 所示。

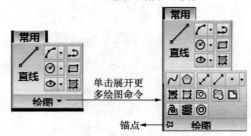

（a）浮动"绘图"工具栏

单击展开更多绘图命令

锚点

（b）功能区中的"绘图"工具栏

图 1-21　"绘图"工具栏

表 1-1　"绘图"工具栏主要命令详表

图标	命　令	命令行英文输入	图标	命　令	命令行英文输入
/	直线	line	⬭	椭圆	ellipse
/	射线	ray	⤿	椭圆弧	ellipse
/	构造线	xline	▱	创建块	block
⌐	多段线	pline	▱	插入块	insert
⬠	正多边形	polygon	▫	点	point
▭	矩形	rectang	▨	图案填充	bhatch
⌒	圆弧	arc	◎	面域	region
∿	样条曲线	spline	▦	表格	table
◉	圆	circle	A	多行文字	mtext

（二）"修改"工具栏

在绘图工作界面中，若选择的工作空间为 AutoCAD 经典，系统默认的"修改"工具栏位置在右边线，也可拖动到左边线或顶部工具栏区，或绘图窗口的任意位置，浮动"修改"工具栏如图 1-22（a）所示；若选择了其他工作空间，系统默认的"修改"工具栏位置在功能区"常用"选

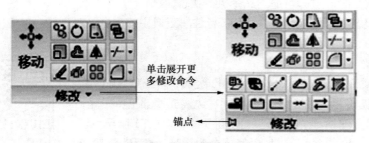

（a）浮动"修改"工具栏

单击展开更多修改命令

锚点

（b）功能区中的"修改"工具栏

图 1-22　"修改"工具栏

1-11 "修改"工具栏

项卡中，如图 1-22（b）所示。"修改"工具栏中列出了大部分常用的修改命令，如果需要使用其他修改命令，可以单击打开"修改"下拉菜单，在菜单列表中选取。"修改"工具栏中的主要命令和功能表 1-2 所示。

表 1-2 "修改"工具栏主要命令及功能详表

图标	命令	命令行英文输入	功　能
	删除	erase	删除不需要的对象
	复制	copy	创建与原有对象相同的图形
	镜像	mirror	实现对象的对称复制
	偏移	offset	对指定对象进行偏移复制
	阵列	array	复制多重命令
	移动	move	将对象以指定的角度和方向移动
	旋转	rotate	将所选单个或一组对象在不改变大小的情况下，绕指定基点旋转一个角度
	缩放	scale	按比例增大或缩小对象
	拉伸	stretch	以交叉窗口或交叉多边形选择要拉伸的对象
	修剪	trim	以某一对象为剪切边修剪其他对象
	延伸	extend	延长指定对象与另一对象相交或外观相交
	打断	break	部分删除对象或把对象分解成两部分
	合并	join	相似的对象合并为一个对象
	倒角	chamfer	修改对象使其以平角相接
	圆角	fillet	与对象相切且具有指定半径的圆弧连接两个对象
	分解	explode	将矩形、块等由多个对象组成的组合对象分解开为单个成员，以便进行编辑

（三）"标注"工具栏

电气元件布置图、设备安装图、电气平面布置图等需要对电气元件、设备的安装、摆放位置给出具体说明，该说明常通过各类尺寸标注来完成，这些标注命令罗列在下拉菜单的"标注"中。为了方便使用"标注"工具，常常单击下拉菜单的"工具"→"工具栏"→"AutoCAD"→"标注"命令，即可在绘图窗口打开"标注"工具栏，浮动"标注"工具栏如图 1-23（a）所示，可以拖动该工具栏放置到绘图窗口的左侧、右侧或顶部；如果使用"二维草图与注释"工作空间，"标注"工具栏则在功能区"注释"选项卡中，如图 1-23（b）所示。其主要命令和功能如表 1-3 所示。

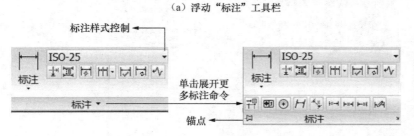

（a）浮动"标注"工具栏

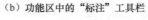

（b）功能区中的"标注"工具栏

图 1-23 "标注"工具栏

1-12 "标注"
工具栏

表 1-3 "标注"工具栏主要命令及功能详表

图标	命令	命令行英文输入	功　能
⊢	线性标注	dimlinear	创建 XY 平面中两个点之间的距离测量值
↖	对齐标注	dimaligned	对对象进行对齐标注
⌒	弧长标注	dimarc	标注圆弧线段的弧长
⊠	坐标标注	dimordinate	标注相对于用户坐标原点的坐标
⊘	半径标注	dimradius	标注圆和圆弧的半径
⌒	折弯标注	dimjogged	折弯标注圆和圆弧的半径
⊘	直径标注	dimdiameter	标注圆和圆弧的直径
△	角度标注	dimangular	测量圆和圆弧的角度、两条直线间的角度，或者三点间的角度
⊠	快速标注	qdim	快速创建成组的基线、连续、阶梯和坐标标注，快速标注多个圆、圆弧，以及编辑现有标注的布局
⊢	基线标注	dimbaseline	创建一系列由相同的标注原点测量出来的标注
⊢⊢	连续标注	dimcontinue	创建一系列端对端放置的标注，每个连续标注从前一个标注的第二个尺寸界线处开始
⊞	标注间距	dimspace	修改已经标注的图形中的标注线的位置间距大小
⊢	标注打断	dimbreak	在标注线和图形之间产生一个隔断
⊕	公差	tolerance	在对话框中设置公差符号、值及基准等参数
⊕	圆心标记	dimcenter	标注圆和圆弧的圆心
⊠	检验	diminspect	用于检验选取的标注
⋀	折弯线性标注	dimjogline	添加或删除折弯标注
⊿	编辑标注	dimedit	编辑标注文字内容、放置位置和角度
A	编辑标注文字	dimteedit	移动和旋转标注文字并重新定位尺寸线
⊠	标注更新	dimstyle	更新标注，使其采用当前的标注样式
⊿	标注样式	dimstyle	在对话框中选择标注样式

小窍门： AutoCAD 2010 版本提供了友好而直观的文字与示例帮助，在使用某个命令时若有疑惑，可以将鼠标指针移到该命令的图标按钮上停留，跟随鼠标指针位置会出现命令名、功能、命令行英文输入，再停留一下就会有详细使用解释与图例。如图 1-24 所示，将鼠标指针放在"缩放"命令图标 ⊞ 上，先出现"缩放"命令功能描述，命令的英文名是 scale，然后出现详细的使用解释与图例，有了这些帮助，新手也能很快地熟悉操作。

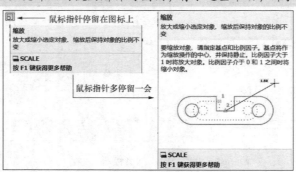

图 1-24　利用鼠标指针获得及时帮助

三、对象捕捉追踪

"对象捕捉追踪"是 AutoCAD 绘图辅助工具之一，使用对象捕捉追踪工具可指定对象上特定的精确位置，如圆或圆弧的圆心、直线的端点或中点等。默认情况下，当鼠标指针移到对象的对象捕捉位置时，将显示标记和工具栏提示。这种自动捕捉的功能为用户提供了视觉提示，让用户对哪些对象捕捉正在被使用一目了然。

1-13　对象捕捉
追踪

在 AutoCAD 程序窗口的状态栏中，单击▦、▢、◢按钮，即可打开或关闭对象捕捉、追踪功能，也可以选择菜单栏中的"工具"→"草图设置"命令，打开图 1-25 所示的"草图设置"对话框，在"对象捕捉"选项卡中勾选或取消勾选"启用对象捕捉"和"启用对象捕捉追踪"复选框，即可打开或关闭对象捕捉及追踪功能。

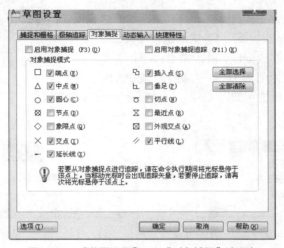

图 1-25　"草图设置"——"对象捕捉"选项卡

四、图形对象的常用操作

（一）对象的选取与删除

1. 选取

在图形的绘制过程中常常要选取某些图形对象或图元进行编辑，被选中的对象以虚线和灰色夹点（系统默认）表示，如图 1-26 所示。

系统提供了以下几种选取方法。

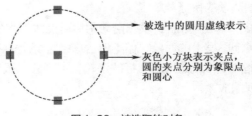

被选中的圆用虚线表示

灰色小方块表示夹点，圆的夹点分别为象限点和圆心

图 1-26　被选取的对象

1-14　对象选取

方法一：移动鼠标指针到图形对象上，单击即可选取。此方法适用于少数、分布对象的选取。

方法二：单击鼠标左键并向右下角移动，出现一个实线选取框，再单击则可选中框内的所有对象，但若只有部分落入选取框的对象则不被选取。此方法适用于多数、集中对象的选取。

方法三：单击鼠标左键并向左上角移动，出现一个虚线选取框，再单击则可选中框内关联对象，部分落入选取框的对象也被选取。此方法适用于多数、集中对象的选取。

2. 删除

在图形绘制与编辑时，删除也是常用操作之一，其操作非常简单，有如下3种方法。

方法一：选中要删除的对象，按键盘上的 Delete 键即可完成操作。

方法二：选中要删除的对象，单击"修改"工具栏中的"删除"按钮 ✍ 即可完成操作。

方法三：在命令行里输入"erase"，然后根据命令行提示，选择要删除的对象，或者输入 all 来删除当前绘图窗口内所有对象。

（二）视图的缩放和移动

为了方便绘图，经常要对绘图窗口中的视图进行缩放或移动，这些操作可以通过"二维草图与注释"工作空间功能区"视图"选项卡"导航"面板中的"平移"和"范围"（通过右侧下三角选择缩放类型）按钮［见图 1-27（a）］、底部状态栏内"平移"按钮 🖐 和"缩放"按钮 🔍 快速执行［见图 1-27（b）］。如果需要更细致的缩放操作，就需要选择下拉菜单"工具"→"工具栏"→"AutoCAD"→"缩放"命令，即可在绘图窗口打开"缩放"工具栏，如图 1-27（c）所示。所有的缩放命令只更改视图，不会更改图形中的对象位置或比例。

1-15 视图缩放

1-16 视图移动

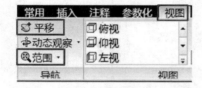

（a）功能区"视图"选项卡中的"平移"与"范围"按钮

（b）底部状态栏内"平移"与"缩放"按钮

（c）"缩放"工具栏

图1-27 移动与缩放工具

绘图中常用的缩放、移动命令如下。

（1）实时平移命令：单击 🖐 后，鼠标指针变成小手形状，按住鼠标左键移动就可以移动视图。

（2）窗口缩放命令：单击 🔍 后，用鼠标指定要查看区域的两个对角，可以快速放大该指定矩形区域。

（3）实时缩放命令：单击 🔍 后，按住鼠标左键向上或向下移动进行动态缩放。单击鼠标右键，可以显示包含其他视图选项的快捷菜单。

（4）范围缩放命令：单击 🔍 后，系统自动用尽可能大的比例来显示包含图形中的所有对象的视图。此视图包含已关闭图层上的对象，但不包含冻结图层上的对象。

最快捷、简单的缩放操作就是滚动鼠标的滚轮，视图会以鼠标指针为中心缩放，顺时针滚动视图缩小，逆时针滚动视图放大。

（三）快捷菜单

选取对象后，在绘图窗口单击鼠标右键可以调出相关的快捷菜单，这个功能是系统默认的。控制在绘图窗口中单击鼠标右键是显示快捷菜单还是执行回车（Enter）功能，可以选择下拉菜单"工具"→"选项"命令，在弹出的"选项"对话框的"用户系统配置"选项卡中单击"自定义右键单击"按钮，打开图 1-28

1-17 快捷菜单

所示的"自定义右键单击"对话框来进行设置。

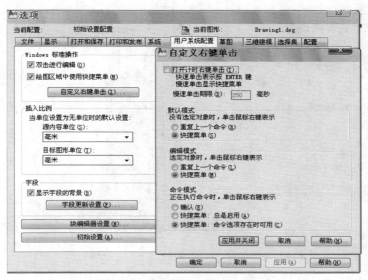

图 1-28　"自定义右键单击"对话框

对话框中的选项是系统默认选项，用户可以根据自己的习惯来选择相应的模式。例如，在"命令模式"中，可选择第一项，表示每次绘图命令完成后即可单击鼠标右键确认。

（四）命令的放弃、撤销与重做

如果要终止或放弃正在进行的操作，可以按键盘上的 Esc 键来终止正在执行的命令或操作，但已经执行的操作是保留的。如果要撤销已经执行的操作或命令，可以单击快速访问工具栏的按钮 ↩，或选择下拉菜单"编辑"→"放弃"命令来完成撤销操作。如果要恢复被撤销的命令和操作，可以单击主菜单栏的 ↪ 按钮，或选择下拉菜单"编辑"→"重做"命令来完成恢复。

（五）命令的重复

在项目绘制中，常常会重复使用同一命令。例如，需要连续使用"直线"绘图命令，则在第一次使用后，单击鼠标右键，在快捷菜单中选择"重复直线"命令，即可继续进行直线绘制，也可以选择"最近的输入"命令打开最近使用的输入命令列表，选择要重复执行的命令即可。

项目实施

一、创建项目图形文件

双击桌面上的 AutoCAD 快捷方式图标 启动 AutoCAD 制图软件，弹出图 1-29 所示的"新功能专题研习"界面，点选"是"单选项先了解、学习 2010 版的新功能；点选"以后再说"单选项，则每次启动后都会弹出该界面；点选"不，不再显示此消息"单选项，再单击"确定"按钮，可直接进入 AutoCAD 操作界面。选择下拉菜单"工具"→"工作空间"命令，选择需要的工作空间模式。

单击顶部快速访问工具栏中的按钮 ，弹出"图形另存为"对话框（见图 1-19），选择保存路径及文件类型并输入文件名，单击"保存"按钮即完成文件的新建过程，下次启动时可双击该文件名直接进入绘图界面。

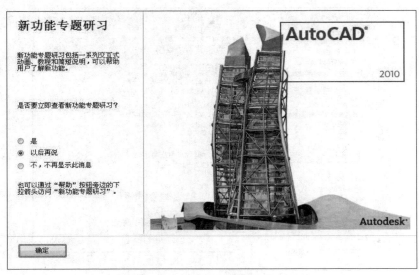

图 1-29 "新功能专题研习"界面

二、机械轴零件图的绘制

根据图 1-1 所示的机械轴零件的尺寸开始绘制工作。由于该图形多为水平线和垂直线，可在绘制前打开状态栏中的绘图辅助工具——"正交""对象捕捉""追踪"（可使用默认设置）。

1. 绘制定位线

单击工作界面右侧常用"绘图"工具栏的"直线"按钮✐，或者在命令行窗口中输入"line"，按照如下命令行的提示进行绘制，"//"后面的内容为操作解释。绘制过程如图 1-30 所示。

图 1-30 绘制定位线

命令：_line 指定第一点：	// 用光标在绘图窗口指定第一点
指定下一点或 [放弃(U)]：36	// 光标垂直向下移动，输入 36，按 Enter 键
指定下一点或 [放弃(U)]：	// 按 Enter 键结束命令
命令：_line 指定第一点：	// 捕捉垂直线中点为水平线第一点
指定下一点或 [放弃(U)]：142	// 光标向左水平移动，输入 142，按 Enter 键
指定下一点或 [放弃(U)]：	// 按 Enter 键结束命令

1-18 绘制直线

2. 绘制最大轴径

单击工作界面右侧常用"修改"工具栏的"偏移"按钮，或者在命令行窗口中输入"offset"，按照如下命令行的提示进行绘制，绘制过程如图 1-31 所示。

命令：_offset
当前设置：删除源=否 图层=源 OFFSETGAPTYPE=0
指定偏移距离或 [通过(T)/删除(E)/
图层(L)] <通过>：73   // 输入 73，按 Enter 键

1-19 偏移命令应用

```
选择要偏移的对象，或 [退出(E)/放弃(U)] <退出>:            // 拾取垂直定位线
指定要偏移的那一侧上的点，或 [退出(E)/
多个(M)/放弃(U)] <退出>:                                  // 左侧单击
选择要偏移的对象，或 [退出(E)/放弃(U)] <退出>: *取消*     // 按 Esc 键退出
命令: _offset                                            // 再次重复该命令
当前设置: 删除源=否图层=源 OFFSETGAPTYPE=0
指定偏移距离或 [通过(T)/删除(E)/
图层(L)] <73.0000>: 86                                   // 输入 86，按 Enter 键
选择要偏移的对象，或 [退出(E)/放弃(U)] <退出>:            // 拾取垂直定位线
指定要偏移的那一侧上的点，或 [退出(E)/
多个(M)/放弃(U)] <退出>:                                  // 左侧单击
选择要偏移的对象，或 [退出(E)/放弃(U)] <退出>: *取消*     // 按 Esc 键退出
```

单击鼠标右键，在快捷菜单中选择"重复 OFFSET"命令，重复"偏移"命令（⬚）数次，绘制最大轴径为直径 36 及右侧直径依次为 27、30 的轴径。垂线偏移取值分别为 3、13，轴径向上和向下各偏移 18、13.5、15，如图 1-32 所示。

图 1-31　绘制最大轴径

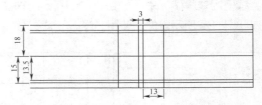

图 1-32　绘制 36、30、27 的轴径

3. 最大轴及右侧第一轴的修剪成形

单击工作界面右侧常用"修改"工具栏的"修剪"按钮 ⊬|，或者在命令行窗口中输入"trim"，按命令行提示操作。修剪后的结果如图 1-33 所示。

下面给出最大轴径的修剪过程命令行显示及操作图示（见图 1-34）。

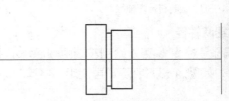

图 1-33　对图 1-32 修剪后的结果

1-20　修剪命令应用

```
命令: _trim
当前设置:投影=UCS,边=无
选择剪切边...
选择对象或<全部选择>: 找到 1 个                           // 单击垂线1
选择对象: 找到 1 个,总计 2 个                             // 单击垂线2,单击右键确认
选择对象:
选择要修剪的对象,或按住 Shift 键选择要延伸的对象,或
[栏选(F)/窗交(C)/投影(P)/边(E)/删除(R)/放弃(U)]:         // 单击水平线1
选择要修剪的对象,或按住 Shift 键选择要延伸的对象,或
[栏选(F)/窗交(C)/投影(P)/边(E)/删除(R)/放弃(U)]:         // 单击水平线2
选择要修剪的对象,或按住 Shift 键选择要延伸的对象,或
```

[栏选(F)/窗交(C)/投影(P)/边(E)/删除(R)/放弃(U)]:   // 单击水平线 3

选择要修剪的对象，或按住 Shift 键选择要延伸的对象，或

[栏选(F)/窗交(C)/投影(P)/边(E)/删除(R)/放弃(U)]:   // 单击水平线 4

选择要修剪的对象，或按住 Shift 键选择要延伸的对象，或

[栏选(F)/窗交(C)/投影(P)/边(E)/删除(R)/放弃(U)]:   // 按 Enter 键确认

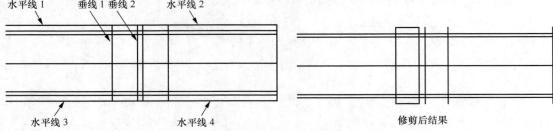

图1-34 最大轴径修剪过程图示

再用相同的方法修剪多余线条得到右边的两个轴径，完成修剪任务。

4. 绘制最右端两轴径

继续使用"偏移"命令（⏛）绘制右端两轴径，垂线偏移量为 23，水平线向上和向下均偏移 14、12，如图 1-35 所示。然后使用"修剪"命令（✂）修剪多余线条，修剪后的结果如图 1-36 所示。

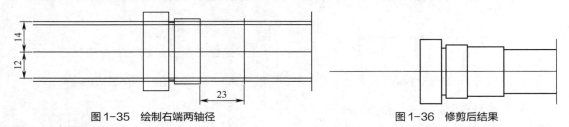

图1-35 绘制右端两轴径   图1-36 修剪后结果

5. 绘制最左端两轴径

继续使用"偏移"命令（⏛）绘制左端两轴径，水平线向上和向下均偏移 15、16，垂线偏移量分别为 25、31，如图 1-37 所示。再使用"修剪"命令（✂）剪去多余线段，得到图 1-38 所示的轴零件的雏形。

图1-37 绘制左端两轴径

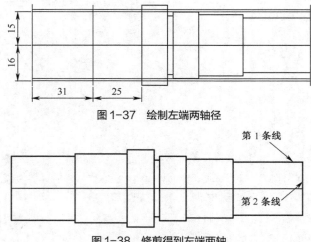

图1-38 修剪得到左端两轴

6. 零件两端的倒角

单击工作界面右侧常用"修改"工具栏的"倒角"按钮 ◢，或者在命令行窗口中输入"chamfer"，按照命令行提示进行绘制，倒角结果如图 1-39 所示。

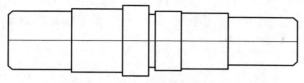

图 1-39 完成倒角后的图形

下面给出右端轴径的右上角的倒角过程命令行显示。

```
命令：_chamfer
("修剪"模式)当前倒角距离 1 = 0.0000，距离 2 = 0.0000
选择第一条直线或 [放弃(U)/多段线(P)/距离(D)/角度(A)/修剪(T)/方式(E)/多个(M)]： d
                                          // 输入字母 d 通过距离来倒角
指定第 1 个倒角距离<0.0000>：2                // 输入 2
指定第 2 个倒角距离<2.0000>：2                // 输入 2
选择第 1 条直线或 [放弃(U)/多段线(P)/距离(D)/角度(A)/修剪(T)/方式(E)/多个(M)]：
                                          // 单击图 1-38 所示第 1 条线
选择第 2 条直线，或按住 Shift 键选择要应用角点的直线：  // 单击第 2 条线
```

右端轴径的右下角以及左端轴径的两个角的倒角同上，请读者自行完成，倒角距离都为 2。

7. 绘制键槽

通过设计图中键槽的断面图可以看出，左端键槽两端的圆的半径为 5，距离轴左边 1、右边 2；右端键槽两端圆的半径为 3，距离轴左边 3、右边 6。要正确绘制这两个键槽，就要先画好定位线，然后由定位线确定圆心来帮助完成绘制。

下面介绍左边键槽的绘制过程。右边的键槽请读者自行练习绘制。

（1）单击"偏移"按钮 ◳ 绘制两条定位线，垂线偏移量为 6、7，两条辅助水平线向上和向下各偏移 8，如图 1-40（a）所示，然后使用"修剪"命令（ ⊬ ），得到图 1-40（b），再删除辅助水平线得到图 1-40（c）。

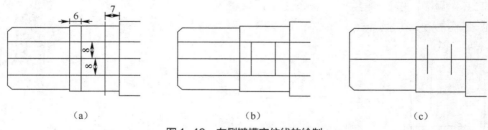

（a） （b） （c）

图 1-40 左侧键槽定位线的绘制

（2）单击工作界面右侧常用"绘图"工具栏的"圆"按钮 ⊙，按照命令行提示进行绘制，结果如图 1-41（a）所示。

```
命令：_circle 指定圆的圆心或 [三点(3P)/两点(2P)/相切、相切、半径(T)]：   // 捕捉点 1
指定圆的半径或 [直径(D)]：5                          // 输入 5 为圆半径值
```

命令：

CIRCLE 指定圆的圆心或 [三点(3P)/两点(2P)/相切、相切、半径(T)]： // 捕捉点2

指定圆的半径或 [直径(D)] <5.0000>： // 半径相同，直接按 Enter 键

（3）使用"修剪"命令（✂）得到图 1-41（b）所示图形，最后用"直线"命令（✏），通过捕捉两半圆的端点完成2根连接直线的绘制，即得到图 1-41（c）所示轴零件左侧键槽。

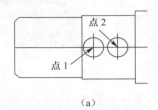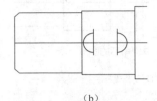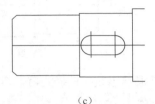

（a）   （b）   （c）

图 1-41　左侧键槽的绘制

8. 绘制键槽断面图

绘制键槽的断面图，仍然是以左边键槽断面图为例进行讲解，右边键槽断面图请读者自行完成。

（1）单击"直线"按钮✏，移动鼠标找到轴中点，将其向下移动一定距离作为直线第一点位置，如图 1-42（a）所示，然后根据命令行提示完成图 1-42（b）所示圆的定位线绘制。

命令：_line 指定第一点： // 图 1-42(a)所示第一点位置

指定下一点或 [放弃(U)]：@40<270 // 以相对极坐标形式输入@40<270

指定下一点或 [放弃(U)]： // 按 Enter 键完成第一条定位线绘制

命令：

命令：_line 指定第一点： // 捕捉第一条定位线中点

指定下一点或 [放弃(U)]：@20,0 // 以相对直角坐标形式输入@20,0

指定下一点或 [放弃(U)]：

命令：

LINE 指定第一点： // 仍然捕捉第一条定位线中点

指定下一点或 [放弃(U)]：@20<180 // 以相对极坐标形式输入@20<180

指定下一点或 [放弃(U)]：

（2）单击"圆"按钮◉，以定位线交点为圆心，画出一个半径为 15 的圆。单击"偏移"按钮⬚ 绘制一条垂线（偏移量为 12）、两条水平线（上下偏移量均为 5），如图 1-43（a）所示，然后使用"修剪"命令（✂）得到图 1-43（b）。

1-22　绘制圆

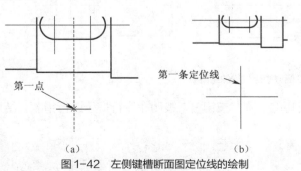

第一点

第一条定位线

（a）   （b）

图 1-42　左侧键槽断面图定位线的绘制

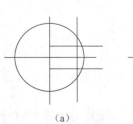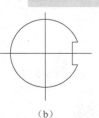

（a）   （b）

图 1-43　左侧键槽断面图的绘制

9. 填充键槽断面

单击"绘图"工具栏的"填充"按钮 ，弹出"图案填充和渐变色"对话框，按图 1-44 所示的操作指示进行填充，即可完成左侧键槽断面的填充。右侧键槽断面的填充请读者根据本例作为练习来完成。

1-23 图案填充应用

10. 整理图形

到这里为止，轴的图形基本绘制完成，但需要进行图 1-45 所示两处的调整，一是右端轴的倒圆角处理，二是中心线与定位线的处理。

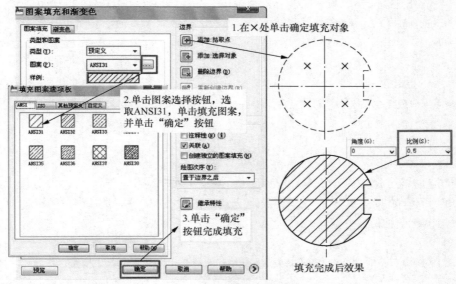

图 1-44 键槽断面图的填充

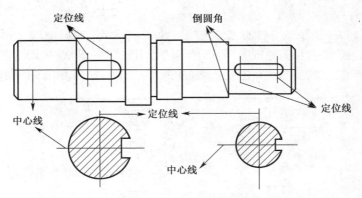

图 1-45 对轴零件图的调整

先进行倒圆角处理。单击"直线"按钮 ✏，按图 1-46 所示位置画两条直线。单击工作界面右侧常用"修改"工具栏的"倒圆角"按钮 ⌒，按照命令行提示进行绘制，倒圆角处理结果如图 1-47 所示。

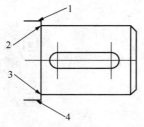

图 1-46　两条直线的起始位置

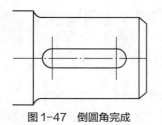

图 1-47　倒圆角完成

1-24　倒圆角
命令应用

命令：_line 指定第一点：　　　　　　　　　　　　// 通过端点捕捉点 1

指定下一点或 [放弃(U)]：　　　　　　　　　　　// 通过端点捕捉点 2

指定下一点或 [放弃(U)]：　　　　　　　　　　　// 按 Enter 键确认

命令：

命令：_line 指定第一点：　　　　　　　　　　　　// 通过端点捕捉点 3

指定下一点或 [放弃(U)]：　　　　　　　　　　　// 通过端点捕捉点 4

指定下一点或 [放弃(U)]：　　　　　　　　　　　// 按 Enter 键确认

命令：_fillet

当前设置：模式 = 修剪，半径 = 0.0000

选择第一个对象或 [放弃(U)/多段线(P)/半径(R)/修剪(T)/多个(M)]：r

指定圆角半径<0.0000>：1.5　　　　　　　　　　// 输入要倒圆角的半径

选择第一个对象或 [放弃(U)/多段线(P)

/半径(R)/修剪(T)/多个(M)]：　　　　　　　　　// 选择直线 1-2

选择第二个对象，或按住 Shift 键选择要应用角点的对象：　// 选择与之相邻的边

FILLET　　　　　　　　　　　　　　　　　　　　// 按 Enter 键确认

当前设置：模式 = 修剪，半径 = 1.5000

选择第一个对象或 [放弃(U)/多段线(P)

/半径(R)/修剪(T)/多个(M)]：　　　　　　　　　// 选择直线 3-4

选择第二个对象，或按住 Shift 键选择要应用角点的对象：　// 选择与之相邻的边

接下来处理中心线和定位线。选取图 1-45 所示的 6 根定位线、3 根中心线，在顶部功能区"常用"工具选项卡里有"特性"功能面板，单击表示颜色的列表框，在下拉列表中选择"绿"（见图 1-48），

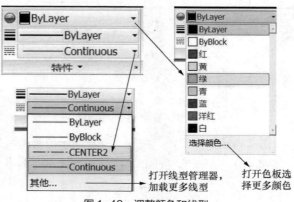

图 1-48　调整颜色和线型

返回绘图窗口，按 Esc 键，这些线条颜色将改为绿色。再单击表示线型的列表框，在下拉列表中选择"CENTER2"（见图 1-48），即中心线样式，如果没有，则单击"其他"按钮进行加载，返回绘图窗口，按 Esc 键，完成设置。

三、尺寸标注

完成该图的最后一步就是进行尺寸标注，尺寸标注的类型在表 1-3 中已经给出。一个完整的尺寸标注应由标注文字、尺寸线、标注箭头、尺寸界线及标注起点组成，如图 1-49 所示。

在进行标注前，先要对标注样式进行定义，即规定标注箭头样式、大小，文字字体、大小、位置等，以方便用户按照自己的要求来进行标注。单击"标注"工具栏的"标注样式"按钮，或选择下拉菜单"标注"→"标注样式"命令，打开图 1-50 所示的"标注样式管理器"对话框。左侧的"样式"列表中列出了系统提供的标注样式（Annotative、ISO-25、Standard 三种）供用户选用，同时用户可以单击右侧"修改"按钮对选中的样式进行修改，也可以单击右侧"新建"按钮来新建一个标注样式。下面以新建一个样式来说明标注样式建立与修改的方法。

1-25　标注样式管理与修改

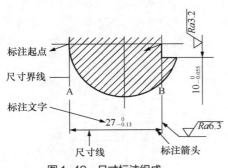

图 1-49　尺寸标注组成

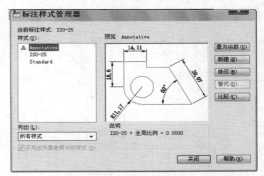

图 1-50　"标注样式管理器"对话框

单击"新建"按钮，弹出图 1-51 所示的"创建新标注样式"对话框，在"新样式名"文本框内输入样式名。单击"基础样式"下拉列表框，可以选择新样式的基础样式，单击"用于"下拉列表框，确定用户新建样式的使用范围。

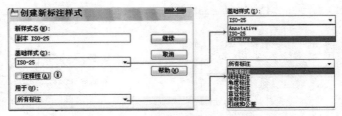

图 1-51　"创建新标注样式"对话框

单击"继续"按钮，进入新建标注样式编辑对话框。图 1-52 所示为新建标注样式中标注线的编辑对话框。可以单击各属性对应下拉列表框选择尺寸线的颜色、线型、线宽等，以及延伸线的颜色、线型、偏移量等。每改动一个属性，右侧预览框会及时显示改动后的效果。依次单击"符号和箭头""文字"等标签即可对相应属性进行修改和编辑。

在进行尺寸标注时，要遵守以下基本规则。

（1）机件真实大小与图形的大小及绘图的准确度无关，以图样上所注的尺寸数值为依据，且该尺寸为图样所示机件的最后完工尺寸，否则应另加说明。

（2）图样中尺寸单位默认为 mm，不需标注计量单位的代号或名称。如采用其他单位，则必须注明相应的计量单位的代号或名称。

（3）机件的每一尺寸，一般只标注 1 次，并应标注在反映该结构最清晰的图形上。

（4）重要尺寸，如总体的长、宽、高尺寸，孔的中心位置等，必须直接注出，而不应由其他尺寸计算求得。

（5）相互平行并列的尺寸在标注时，不得互相穿插，即大尺寸在外，小尺寸在内。

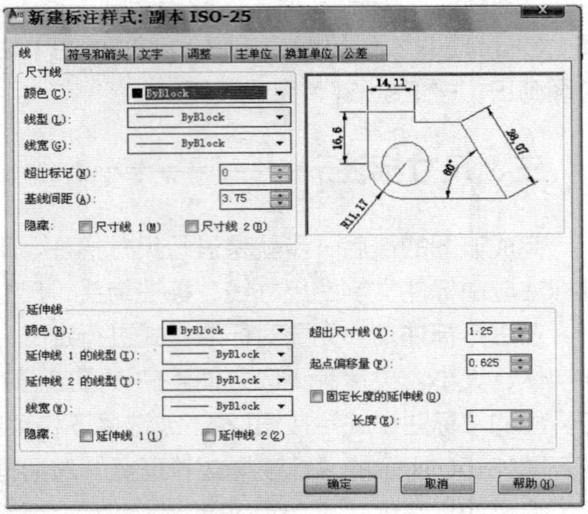

图 1-52　新建标注样式中标注线编辑对话框

（6）尽量避免在虚线处标注尺寸，以免造成不清晰和误解。

本项目中用到的标注有：线性标注，如图 1-53 中所标的 2、3 等；基线标注，如图 1-53 中所标的 34、73、142；连续标注，如图 1-53 中所标的 3、25 等；半径标注，如图 1-53 中所标的 $R1.5$；含有直径符号的线性标注，如图 1-53 中的 $\phi28$、$\phi36$ 等；而图 1-53 中的 $27_{-0.13}^{0}$ 是用多行文字创建的极限偏差标注。

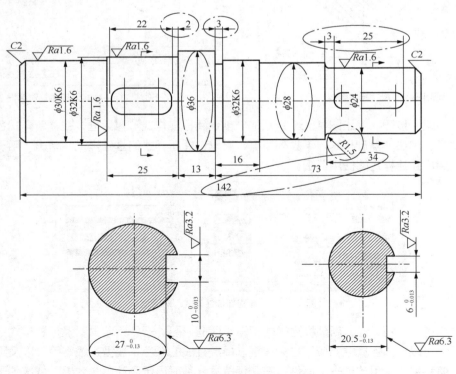

图 1-53　项目尺寸标注类型示意

1. 创建线性标注

单击工作界面右侧常用"标注"工具栏的"线性标注"按钮 ⊢｜，或在命令行窗口输入"dimlinear"，按照命令行提示进行标注，结果如图 1-54（a）所示。

```
命令：_dimlinear
指定第 1 条尺寸界线原点或<选择对象>：                    // 单击线 1
指定第 2 条尺寸界线原点：                              // 单击线 2
指定尺寸线位置或
[多行文字(M)/文字(T)/角度(A)/水平(H)/垂直(V)/旋转(R)]：// 纵向拉伸并确认
标注文字 = 34
```

1-26 线性标注应用

2. 创建基线标注

单击工作界面右侧常用"标注"工具栏的"基线标注"按钮 ⊢｜，或在命令行窗口输入"dimbaseline"，按照命令行提示进行标注，结果如图 1-54（b）所示。

```
命令：_dimbaseline
选择基准标注：                                        // 单击标注 34
指定第 2 条尺寸界线原点或 [放弃(U)/选择(S)] <选择>：   // 捕捉中点 1
标注文字 = 73
指定第 2 条尺寸界线原点或 [放弃(U)/选择(S)] <选择>：   // 捕捉中点 2
标注文字 = 142
指定第 2 条尺寸界线原点或 [放弃(U)/选择(S)] <选择>：*取消*
```

1-27 基线标注应用

3. 创建连续标注

单击工作界面右侧常用"标注"工具栏的"连续标注"按钮 ⊢｜⊢，或在命令行窗口输入"dimcontinue"，按照命令行提示进行标注，结果如图 1-54（c）所示。

```
命令：_dimcontinue
选择连续标注：                                        // 单击标注 73
指定第 2 条尺寸界线原点或 [放弃(U)/选择(S)] <选择>：   // 捕捉中点 3
标注文字 = 13
指定第 2 条尺寸界线原点或 [放弃(U)/选择(S)] <选择>：   // 捕捉中点 4
标注文字 = 25
指定第 2 条尺寸界线原点或 [放弃(U)/选择(S)] <选择>：*取消*
```

1-28 连续标注应用

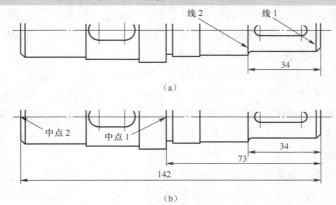

图 1-54 线性标注、基线标注和连续标注的创建

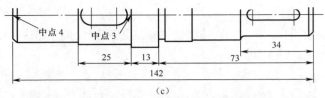

图 1-54　线性标注、基线标注和连续标注的创建（续）

4．创建半径标注

单击工作界面右侧常用"标注"工具栏的"半径标注"按钮 ◯，或在命令行窗口输入"dimradius"，按照命令行提示进行标注，结果如图 1-55（a）所示。

1-29　半径标注应用

```
命令：_dimradius
选择圆弧或圆：                                    // 单击要标注的那段圆弧
标注文字 = 1.5
指定尺寸线位置或 [多行文字(M)/文字(T)/角度(A)]：    // 移动鼠标单击确定位置
```

5．创建含有直径符号的线性标注

单击"线性标注"按钮 ⊢，按照命令行提示标注，结果如图 1-55（b）所示。

```
命令：_dimlinear
指定第 1 条尺寸界线原点或<选择对象>：               // 捕捉轴上边界中点
指定第 2 条尺寸界线原点：                           // 捕捉轴下边界中点
指定尺寸线位置或
[多行文字(M)/文字(T)/角度(A)/水平(H)/垂直(V)/旋转(R)]：t
输入标注文字<28>：%%c28                            // %%c 是直径的控制代码
```

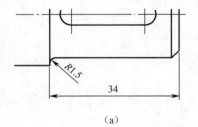

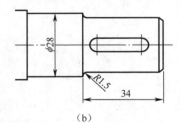

（a）　　　　　　　　　　　　　　　　（b）

图 1-55　创建半径标注和直径标注

在进行标注时，可以改变文字的内容，根据命令行的提示，输入 m 或 t 来改变文字内容，输入 a、h、v、r 可改变标注文字的位置，不区分大小写。如要在文字中插入特殊字符，可以通过输入控制代码或 Unicode 字符串来实现。例如，上面的控制代码"%%c"表示直径字符 ϕ，即输入"%%c28"显示"ϕ28"，当然也可以输入 Unicode 字符串"\u+2205"，它同样表示直径字符 ϕ，即输入"\u+220528"也可显示"ϕ28"。其他的特殊字符的控制代码或 Unicode 字符串详见附录中的附表 3。

1-30　标注中特殊字符输入

6．创建公差标注

公差是指实际参数值的允许变动量，既包括机械加工中的几何参数，也包括物理、化学、电学等学科的参数。在机械设计中，公差是一个重要的参数，它设定了产品的几何参数，使其达到互换或配合的要求。在一些电气设备的安装图中，也可以见到公差标注，其一般用来标定设备、元件安装位置等参数的变动量。

这里左侧键槽断面尺寸是极限偏差样式，上、下偏差分别为 0、–0.13，表示零件尺寸为 26.87～27.00。公差标注前，先单击"标注样式"按钮 ，打开"标注样式管理器"对话框，在"样式"列表选中"ISO-25"，单击"修改"按钮，在弹出的"修改标注样式"对话框中选择"公差"标签，进行图 1-56 所示的设置，然后对公差格式的上偏差、下偏差进行设置，单击"确定"按钮退出标注样式修改。

然后在绘图窗口单击"线性标注"按钮 ，按照命令行提示进行公差标注，标注过程如图 1-57 所示。

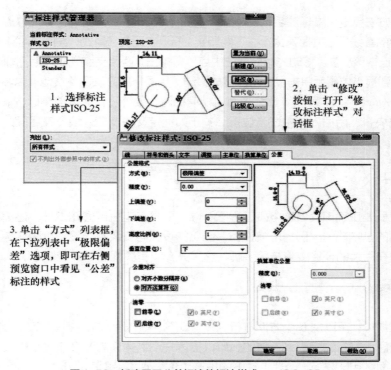

图 1-56 新建用于公差标注的标注样式——ISO-25

命令: _Dimlinear
指定第 1 条尺寸界线原点或<选择对象>:   // 单击图 1-57(a)所示中点 1
指定第 2 条尺寸界线原点: // 单击图 1-57(a)所示中点 2
指定尺寸线位置或
[多行文字(M)/文字(T)/角度(A)/水平(H)/垂直(V)/旋转(R)]:m // 在出现的文字框内第一行输入 0，
                                                        // 按 Enter 键到第二行输入 27-0.13，
                                                        // 单击鼠标确认输入，完成图 1-57
                                                        // （b）的公差输入

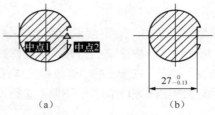

（a）　　　　　（b）

图 1-57　公差标注

四、标注整理

在按照上述方法完成尺寸标注后，要对某些标注进行整理，主要是调整标注位置、角度等。例如，图 1-54（b）中的基线标注间距离太小，需要调整。打开"正交"模式，关闭"对象捕捉追踪"模式，单击标注 142，选中该标注，移动光标到标注中点位置单击，蓝色夹点变成红色，同时向下移动鼠标，标注跟随移动，到适当位置后单击鼠标左键完成移动。用同样的方法调整其他需要调整的标注。

图 1-1 中 $\sqrt{Ra6.3}$、$\sqrt{Ra3.2}$ 等都是表面粗糙度标注，系统没有提供该类标注命令，用户可以自己绘制并定义成块，然后插入图中适当位置。关于如何定义块及插入块，在后面的项目中将展开详细的介绍。

▨ 拓展知识

电气技术人员要正确识读各种电气工程图，除了要具备电气制图知识外，还要具备一定的机械识图、建筑识图的基本能力，因为电气设备、线路的设计与安装都与设备机械结构、建筑结构设计有关。这些知识在后续的项目中将陆续讲解，这里先介绍有关视图的一些概念。

一、三视图

要观察一个物体，可以从 6 个方向进行，即上、下、前、后、左、右。若对这 6 个方向做投影，会发现上下、前后、左右的投影是一样的，所以描述一个物体只需要 3 个投影面，即从前往后的投影（称为正投影面，用 V 表示）、从上往下的投影（称为水平投影面，用 H 表示）和从左往右的投影（称为侧投影面，用 W 表示），又将 V 的视图称为主视图，H 的视图称为俯视图，W 的视图称为左视图，如图 1-58 所示。

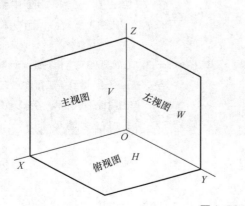

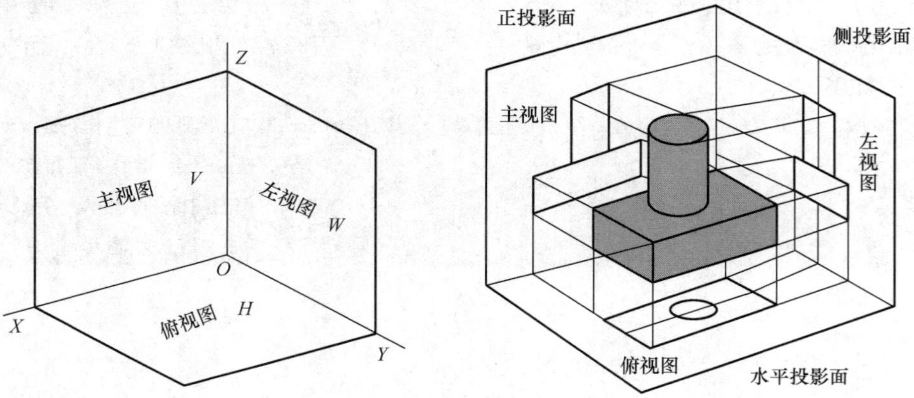

图 1-58　三视图

仔细观察图 1-58，这 3 个视图之间有明显的联系：主视图和左视图高度一致、主视图和俯视图长度一致、俯视图和左视图宽度一致。按照这个关系将 3 个视图画在一张图内，该图就称为三视图，如图 1-59 所示。

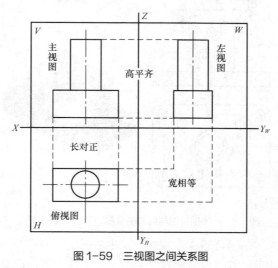

图 1-59 三视图之间关系图

二、其他常用视图

在零件加工、设备安装图中常常将三视图和一些辅助视图，如剖视图、断面图等结合使用，以便完整、清晰地表达内部结构等信息。

（一）剖视图

在机件适当位置用一假想剖切平面将其一切为二，移去观察者和剖切面之间的部分，其余部分向投影面投射并在机件被剖切处画上剖面符号（由一组平行的剖面线构成，剖面线是与主要轮廓线成 45° 角的细实线），就构成了剖视图，如图 1-60 所示。图中 $A—A$ 表示剖视图的名称，零件俯视图中字母 $A—A$ 表示剖切位置，箭头表示剖开机件后的投影方向。

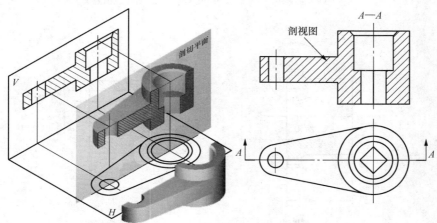

图 1-60 剖视图形成与绘制示例

图 1-60 所示为全剖视图，有时若机件具有对称平面，在向垂直于对称平面的投影面投射时，可以对称中心线为界，一半画成剖视图，另一半画成视图，就形成了半剖视图，如图 1-61（a）所

示。如果机件对称位置有一轮廓线而不适合采用半剖视图，或需要表达的内部结构范围较小，可以采用局部剖开机件的方法，得到图 1-61（b）所示的局部剖视图。

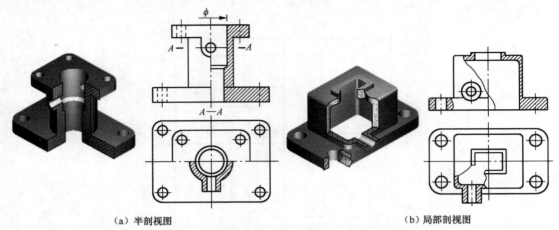

（a）半剖视图　　　　　　　　　　　　　　　　（b）局部剖视图

图 1-61　半剖视图与局部剖视图的形成与绘制示例

例如，图 1-62 所示为零件隔套的 4 个视图，其中主视图、俯视图、左视图的绘制规律和布局位置与前面讲述的三视图要求一致，但其俯视图结合了剖视图，可以清晰地表达隔套内部结构和材料加工要求，同时补充了一个局部放大图，使局部结构和尺寸信息更为清晰。

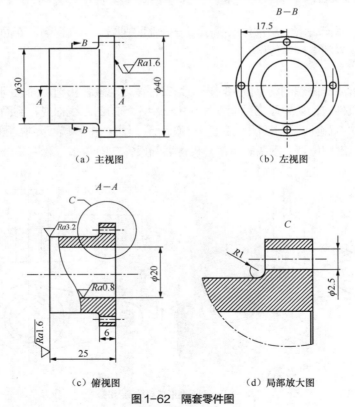

（a）主视图　　　　　　　　　　　　　　　　（b）左视图

（c）俯视图　　　　　　　　　　　　　　　　（d）局部放大图

图 1-62　隔套零件图

（二）断面图

用剖切平面假想将零件某处切断，仅画出该剖切面与零件接触部分的图形，就形成了断面图，如图 1-63 所示。断面图常用于表达型材及零件某处的断面形状。

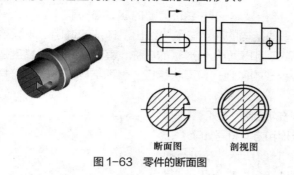

断面图　　　　剖视图

图 1-63　零件的断面图

三、机械制图基本识图

（一）图线

国家标准《技术制图　图线》（GB/T 17450—1998）规定了工程图样中各种图线的名称、形式及其画法。图 1-64 所示为常用图线的应用，其中粗线的宽度 b 为 0.5～2mm，细线的宽度约为 b/3，详见表 0-3。

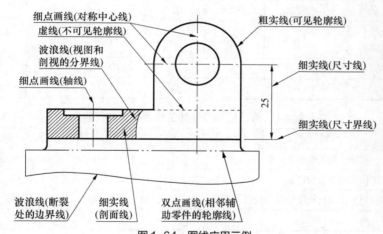

细点画线(对称中心线)　　　　粗实线(可见轮廓线)
虚线(不可见轮廓线)
波浪线(视图和
剖视的分界线)　　　　　　　　细实线(尺寸线)
细点画线(轴线)

波浪线(断裂　细实线　双点画线(相邻辅
处的边界线)　(剖面线)　助零件的轮廓线)

图 1-64　图线应用示例

在实线、虚线、点画线等有相交时，注意图 1-65 中的细节，其中图 1-65（a）中的相交为正确的画法，图 1-65（b）中的相交为错误的画法，读者在绘图中一定要注意。

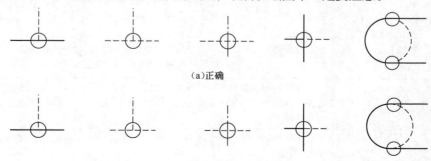

（a）正确

（b）错误

图 1-65　图线相交的画法

（二）表面粗糙度

表面粗糙度是工程图样和技术文件中的重要内容，GB/T 131—2006《产品几何技术规范（GPS）技术产品文件中表面结构的表示法》中给出了详细的说明。表面结构是表面粗糙度、表面波纹度、表面缺陷、表面纹理和表面几何形状的总称。其中，表面粗糙度是指零件加工后表面上具有的微小间距和微小峰谷组成的微观几何形状特征，表面结构基本图形符号的画法和参数注写位置如图 1-66 所示。

表面结构基本图形符号的绘制尺寸如表 1-4 所示，表面结构符号加2纹理和方向符号如表 1-5 所示，表面结构符号如表 1-6 所示。在进行参数注写时各参数位置如图 1-66 中字母所示。其中位置 a 注写表面结构的单一要求；位置 b 注写表面结构第二个单一要求，如要注写更多的单一要求，图形符号应在垂直方向扩大留出足够空间；位置 c 注写加工方法、表面处理、涂层或其他工艺要求（如车、磨等）；位置 d 注写加工纹理和方向符号；位置 e 注写加工余量（单位：mm）。

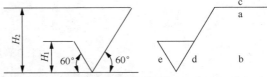

图 1-66　表面结构基本图形符号的画法与参数注写位置

表 1-4　表面结构基本符号尺寸表　　　　　　　　单位：mm

数字和字母高度 h	2.5	3.5	5	7	10	14	20
符号线宽 d' 数字和字母线宽 d	0.25	0.35	0.5	0.7	1	1.4	2
高度 H_1	3.5	5	7	10	14	20	28
高度 H_2	7.5	10.5	15	21	30	42	60

表 1-5　表面结构符号加工纹理和方向符号

符号	解　释	符号	解　释
=	纹理平行于视图所在的投影面	C	纹理呈近似同心且圆心与表面中心相关
⊥	纹理垂直于视图所在的投影面	R	纹理呈近似放射状且表面圆心相关
X	纹理呈两斜向交叉且与视图所在的投影面相交	P	纹理呈微粒、凸起，无方向
M	纹理呈多方向		

表 1-6　表面结构符号

符　号	意义及说明
√	基本图形符号，表示未指定工艺方法的表面
▽	扩展图形符号，基本图形符号加一短划，表示表面是用去除材料的方法获得的。例如：车、铣、钻、磨、剪切、抛光、腐蚀、电火加工、气割等
⌀	扩展图形符号，基本图形符号加一小圆，表示表面是用不去除材料的方法获得的或是用于保持上道工序形成的表面。例如：铸、锻、冲压变形、热轧、冷轧、粉末冶金等
√ ▽ ⌀	完整图形符号，在上述 3 个符号的长边上均可加一短横线，用于标注表面结构的补充信息
√ ⌀ ⌀	在完整图形符号上加一小圆符号，表示对投影图上封闭的轮廓线所表示的表面具有相同的表面结构要求

（三）新旧标准表面结构注写位置对比

目前表面结构表示法的现行国家标准是 GB/T 131—2006，与原来实行的 GB/T 131—1993 相比，其图形符号注写位置和内容发生了细微的变化，具体差别如图 1-67 所示。

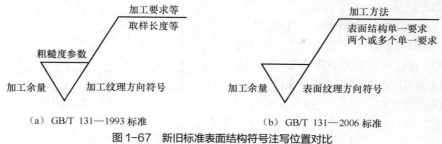

（a）GB/T 131—1993 标准   （b）GB/T 131—2006 标准

图 1-67　新旧标准表面结构符号注写位置对比

（四）锥度和斜度

锥度是指圆锥的底面直径与锥体高度之比，如果是圆台，则为上、下两底圆的直径差与锥台高度之比，即锥度=D/L，如图 1-68（a）所示。在绘图时，将锥度化为角度更方便，$\theta = \arctan\dfrac{D/2}{L}$。

如锥度 1∶5，就是 $\theta = \left(\dfrac{190}{7}\right)\arctan\dfrac{0.5}{5} = \left(\dfrac{190}{7}\right)\arctan 0.1 \approx 6°$。锥度及其标注如图 1-68（b）所示。

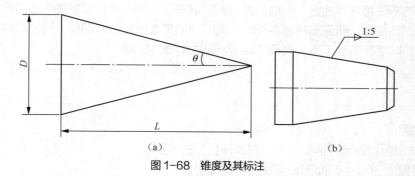

（a）　　　　　　　　　（b）

图 1-68　锥度及其标注

斜度是指一直线（或一平面）对另一直线（或一平面）的倾斜程度。其大小用它们之间的夹角的正切来表示，如图 1-69（a）所示。斜度为 $\tan\alpha = \dfrac{H}{L}$，习惯上把比例的前项化为 1 而写成 1∶$n$ 的形式。斜度及其标注如图 1-69（b）所示，标注符号方向应与斜度的方向一致。

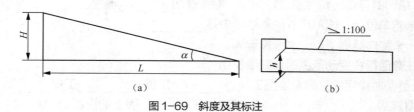

（a）　　　　　　　　　（b）

图 1-69　斜度及其标注

（五）平面图形的尺寸

平面图形在绘制时要正确地识读尺寸，并能根据已知尺寸对未知尺寸进行计算。平面图形中尺寸根据其作用分为定形尺寸、定位尺寸两种。其中，定形尺寸是确定平面图形各几何元素形状大小的尺寸，如线段长度、圆的半径、角度的大小等；定位尺寸是确定几何元素之间相对位置的尺寸，如圆的圆心的位置、直线的位置等。在标注时，一般先标注定形尺寸，再标注定位尺寸。

例如图 1-70 所示的平面图中的尺寸 110、60、ϕ30、ϕ10 都是定形尺寸，尺寸 28、68 都是定位尺寸。定位尺寸常常以中心线、对称线或某一轮廓线作为尺寸的起点，如 ϕ30 圆心处的垂直中心线是尺寸 68 的起点，这个起点称为尺寸基准。

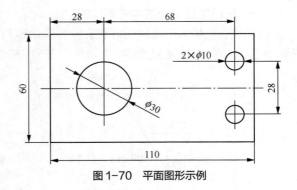

图 1-70　平面图形示例

小结

本项目介绍了中文版 AutoCAD 2010 软件的系统基本操作，包括系统的启动与退出，图形文件的创建、打开、保存与退出操作，展示了绘图工作界面的基本功能，简单介绍了常用绘图工具及命令，讲解了图形对象与视图的常用操作，包括对象选取方法、视图缩放与移动命令、快捷菜单功能等，并通过项目实施详细给出了直线、圆、修剪、偏移、正交、对象捕捉与追踪等命令的用法及常用尺寸标注的方法和基本规则。本项目最后的拓展知识中介绍了机械制图中的视图概念，并详细给出了三视图、剖视图、断面图的基本概念，同时介绍了表面结构、图线、锥度和斜度以及平面尺寸的基本概念，以培养电气工程人员机械制图与识图的基本技能。

自测题

一、简答题

1. 请具体说明和演示"捕捉"与"对象捕捉"的区别。
2. 试说明图 1-63 中断面图和剖视图有何区别。
3. 简述三视图中各视图的关系。

二、填空题

1. 电气图属于_____图。
2. 要利用栅格必须结合_____模式。
3. CAD 绘图时需要对特殊点进行捕捉，需要使用_____模式。
4. 采用米制单位后，图形尺寸的默认单位是_____。
5. 描述一个物体需要_____个投影面。
6. 当标注数值存在变动范围时，就要使用_____。
7. CAD 绘图时常用的工具有绘图工具、_____工具、_____工具。
8. 主视图是从_____向_____看，物体在_____面上的投影。
9. 俯视图是从_____向_____看，物体在_____面上的投影。
10. 左视图是从_____向_____看，物体在_____面上的投影。

三、实做题

1. 进行绘图界面颜色设置，将绘图窗口的背景色设置为白色。

2. 打开"草图设置"对话框，进行"捕捉和栅格""极轴追踪""对象捕捉"的设置，并通过绘图体验其功能。

3. 请同学们在 A4 纸上根据下面 4 个图形（见图 1-71）给出的尺寸手工完成绘制。

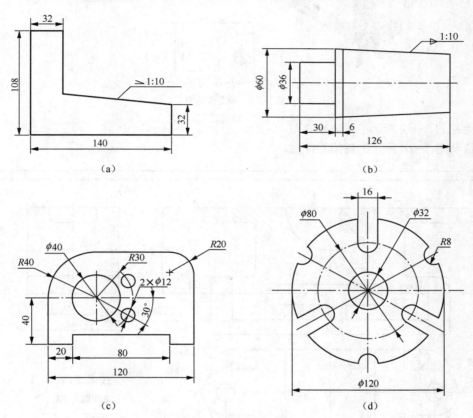

图 1-71 手绘作业图

4. 绘制图 1-72 所示的两个标准件（六角头螺栓和卡环）。

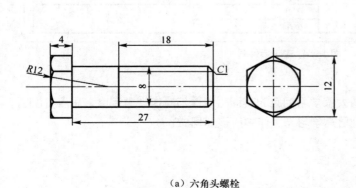

（a）六角头螺栓

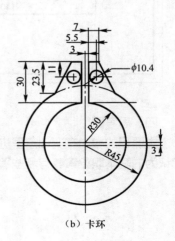

（b）卡环

图 1-72 标准件图例

5. 请根据图 1-73 中给出的零件模型及部分三视图，将主视图补画出来。

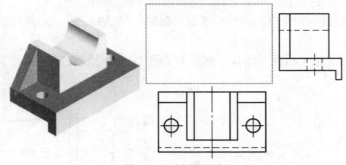

图 1-73　标准件图例

6. 绘制图 1-62 所示的隔套零件图。

7. 绘制图 1-74 所示的基架零件图。

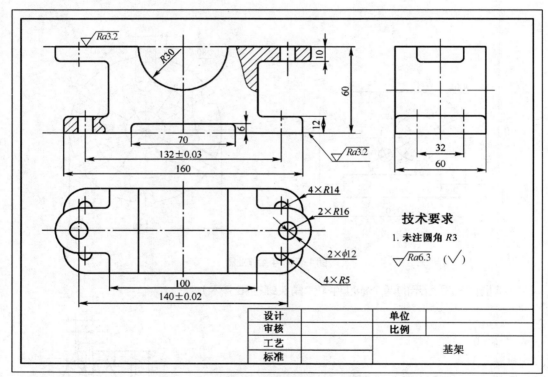

图 1-74　基架零件图

四、思考题

本课程的教学在实训室里进行，请大家学习相应的实训室管理与操作规章制度，思考并回答，你认为的基本职业素养有哪些？具体到日常学习与工作中应该如何做？

项目二
调频器电路图的绘制与识图

02

【能力目标】

通过调频器电路图的绘制，进一步掌握 AutoCAD 软件的基本操作，熟练使用部分常用绘图工具，熟悉对图层的操作与管理，掌握图块的应用，并具备电路图的绘制和识读能力。

【知识目标】

1. 掌握图层的创建、特性和状态的设置及管理的方法。
2. 熟练应用块的创建、插入、分解命令。
3. 掌握图形对象的缩放、移动、旋转、复制、镜像及阵列操作。
4. 掌握多行文字添加及修改的方法。
5. 熟悉电路图绘制的步骤及方法。
6. 学会图形文件的打印。

【素质目标】

通过完成小组任务，培养团结协作能力与奉献精神。

项目导入

调频器广泛用于调频广播、电视伴音、微波通信、锁相电路及扫频仪等电子设备，是一种使受调波的瞬时频率随调制信号变化而变化的电路，图 2-1 所示为一典型的调频器电路图，本项目要求运用相关的绘图、修改、对象捕捉追踪工具，完成电路图各标准元器件的绘制，合理布置电路图，使用文字工具对电路元器件进行标识，形成电路图（电路原理图）的概念。

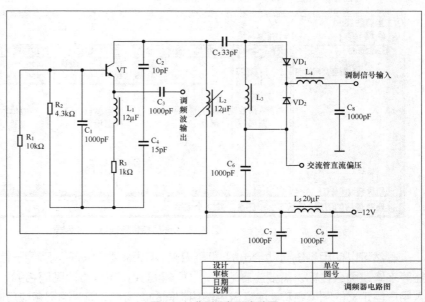

图 2-1　典型调频器电路图

///// 相关知识

本项目用到的绘图命令将在后续的项目实施中具体展开，本部分重点讲解图层、图块概念及其相应操作方法，并给出电路图中常用元器件的图形和文字符号。

一、AutoCAD 的图层

图层是 AutoCAD 系统提供的一个管理工具，它的应用使得一个 AutoCAD 图形好像是由多张透明的图纸重叠在一起组成的，用户可以通过图层来对图形中的对象进行归类处理。电气工程图中常常包含许多不同的元素，如元器件的图形符号、文字符号、线路、基准线、轮廓线、尺寸标注、设备列表等，可以根据需要将这些元素分别放置于不同图层，并通过图层的管理使图形的各种信息清晰、有序，便于观察，而且也方便对图形进行编辑、修改和输出。下面就来学习图层的相关应用知识。

2-1 图层特性管理器

（一）创建新图层

创建一个新的图形文件并打开时，系统会自动创建名为"0"的图层，这是系统的默认图层，下面来创建自己需要的各应用图层。

选择下拉菜单"格式"→"图层"命令（或者在命令行输入"layer"，按 Enter 键确认），系统弹出图 2-2 所示的"图层特性管理器"对话框。单击"新建图层"按钮，在图层列表中出现一个名为"图层 1"的新图层，默认情况下，新建图层与当前图层的状态、颜色、线型、线宽等设置相同。用上述的方法可以建立多个用户图层。

2-2 新建图层

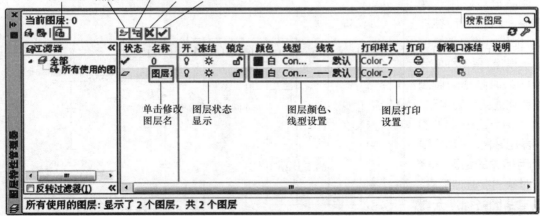

图 2-2 "图层特性管理器"对话框

虽然可以使用系统自动给出的图层名称，但大多数情况下为了便于管理，要根据图层内容、功能等来修改图层名称。需要注意的是，"0"图层是不可以修改图层名的。单击要修改的图层名，输入用户自定义的图层名称，注意避免使用相同的图层名，同时图层名应反映图层的主要特征或功能。

例如，放置标注的图层可称为"尺寸标注"图层，放置元器件列表的图层可称为"元器件说明"图层。

（二）设置图层颜色、线型和线宽

用户根据设计要求可以进行图层颜色、线型和线宽的设置与修改，这些工作都在图 2-2 所示的"图层特性管理器"对话框中进行。

2-3 修改图层颜色

1. 设置图层颜色

图层颜色是指在该图层上所绘实体的颜色，系统允许用户自定义每一图层颜色。要改变图层颜色，可单击图 2-2 所示的"图层特性管理器"对话框中某图层颜色框字符，打开图 2-3 所示的"选择颜色"对话框，移动鼠标指针选择颜色后，单击"确定"按钮退出。

图层的颜色用颜色号表示，它们为 1~255 的整数，系统定义了 7 个标准颜色号，分别为 1(红)、2（黄）、3（绿）、4（青）、5（蓝）、6（洋红）、7（白或黑），目的是便于在不同的计算机系统间交换图形。默认情况下新建图层的颜色被设为 7 号，即背景白色，则图层颜色为黑色；背景为黑色，则图层颜色为白色。

2. 设置图层线型

图层线型是指图层上图形对象的线型，如虚线、点画线、实线等。系统允许用户进行工程制图时使用不同的线型来绘制不同的对象以作区分。系统默认图层线型为 Continuous（实线），要改变线型，可单击图 2-2 所示"图层特性管理器"对话框中某图层线型框字符，打开图 2-4 所示的"选择线型"对话框，单击"加载"按钮，在"加载或重载线型"对话框的"可用线型"列表框中选择一种线型后，单击"确定"按钮即可完成设置。

图 2-3 "选择颜色"对话框

图 2-4 "选择线型"对话框

AutoCAD 系统中的线型包含在线型库文件 acad.lin 和 acadiso.lin 中，单击图 2-4 中"加载"按钮可以打开"加载或重载线型"对话框，单击"文件"按钮可进行线型库文件选择，然后在"可用线型"列表中选择要使用的线型，单击"确定"按钮返回"选择线型"对话框，再单击"确定"按钮完成线型的设置。

3. 设置线宽

在 AutoCAD 系统中，用户可以使用不同宽度的线条来表示不同的图形对象。例如，电气控制原理图中主电路线路用粗线表示，控制线路用细线表示。改变对象线宽可以通过设置图层线宽来实现，单击"图层特性管理器"对话框中某图层线宽框字符，打开图 2-5 所示的"线宽"对话框。

除了在"图层特性管理器"对话框中可以对图层颜色、线型和线宽进行设置和修改外，还可以通过选择下拉菜单"格式"中的相关命令实现。选择"格式"→"颜色"命令，可以打开与图2-3所示一样的"选择颜色"对话框；选择"格式"→"线型"命令，可以打开图2-6所示的"线型管理器"对话框，单击"加载"按钮可以进行线型选择；选择"格式"→"线宽"命令，可以打开图2-7所示的"线宽设置"对话框，单击各项参数可进行线宽设置，但绘图窗口中所绘对象不会反映出线宽的不同，只在打印预览中可以看出线宽的变化。

图2-5 "线宽"对话框

2-4 修改图层线型

图2-6 "线型管理器"对话框

图2-7 "线宽设置"对话框

要特别注意的是，无论用上述哪种方法设置颜色、线型或线宽，都只对设置后的图线绘制有效，而设置前所绘的图线保持原来的状态。

（三）设置图层状态

在图2-2所示的"图层特性管理器"对话框中，除了可设置图层的颜色、线型和线宽以外，还可以设置图层的各种状态，如打开/关闭、冻结/解冻、锁定/解锁、是否打印等，用户通过这些状态的设置可灵活设置图层状态。

1. 图层的打开与关闭

图层的"打开/关闭"状态在"图层特性管理器"对话框里是用小灯泡状态图标 💡/💡 表示的。黄色小灯泡表示该图层处于"打开"状态，灰色小灯泡表示该图层处于"关闭"状态，单击小灯泡就可以改变"打开/关闭"状态。

在"打开"状态下，该图层上的图形可在屏幕上显示，也可输出和打印；在"关闭"状态下，该图层上的图形既不能显示，也不能输出和打印。

2-5 图层的打开与关闭

2. 图层的冻结与解冻

图层的"冻结/解冻"状态在"图层特性管理器"对话框里是用雪花图标 ❄/☀ 太阳图标 ☀ 表示的，黄色太阳表示该图层未被冻结，灰色雪花表示该图层被冻结，单击太阳或雪花图标就可以改变"冻结/解冻"状态。

将图层冻结，就是使该图层上的图形对象不能被显示及打印输出，也不能进

2-6 图层的冻结与解冻

行编辑或修改；将图层解冻，就可以恢复该图层上图形的显示、打印、编辑功能。此外，当前图层是不能冻结的，也不能将冻结图层设置为当前图层。

3. 图层的锁定与解锁

图层的"锁定/解锁"状态在"图层特性管理器"对话框里是用锁的图标🔓/🔒表示的，蓝灰色开的锁表示该图层未被锁定，黄色关闭的锁表示该图层被锁定，单击锁图标就可以改变"锁定/解锁"状态。

"锁定"图层就是使图层上的对象不能被编辑，但不影响其显示。用户可以在锁定的图层上继续绘制新图形对象，但新图形一旦被绘制也不能被编辑。锁定的图层依然可以进行查询和使用对象捕捉功能。

2-7 图层的锁定与解锁

4. 图层的打印状态

在"图层特性管理器"对话框，单击"打印"列中的打印机显示图标，可以设置图层是否能够被打印。打印功能只对可见的图层起作用，即只对没有冻结和没有关闭的图层起作用。

（四）图层管理

在 AutoCAD 操作界面中，有两个与图层有关的工具栏，它们是图 2-8 所示的"图层"工具栏和图 2-9 所示的"特性"工具栏。利用"图层"工具栏可以方便地实现图层切换、状态改变等功能，利用"特性"工具栏可以方便地管理几何和文本等对象的属性。

2-8 切换图层

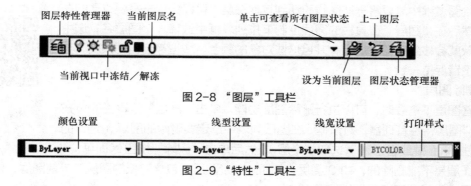

图层特性管理器　　当前图层名　　　　　　　　单击可查看所有图层状态　上一图层

当前视口中冻结／解冻　　　　　　　　设为当前图层　图层状态管理器

图 2-8 "图层"工具栏

颜色设置　　　　　　　线型设置　　　　　线宽设置　　　打印样式

图 2-9 "特性"工具栏

这两个工具栏的默认位置在"AutoCAD 经典"视窗的绘图窗口上部工具栏固定区内，在"二维草图与注释"视窗中是放在顶部"常用"工具选项卡中的"图层"和"特性"两个功能面板中的。

> **小窍门**：如果在某个图层绘图时，有少数几个地方需要改变绘图颜色，那么可以在"特性"工具栏内进行颜色设置，完成后回到原来图层的颜色继续工作，可以在"特性"工具栏内选颜色为"ByLayer"。因为"特性"工具栏内"ByLayer"是指各项参数服从本图层的设置，而利用"特性"工具栏内改变颜色、线型等参数并不能改变当前图层对绘图颜色和线型的设置，要改变该图层的绘图颜色、线型等要通过图 2-2 所示的"图层特性管理器"对话框来实现。

1. 切换当前图层

在 AutoCAD 系统中，新对象都被绘制在当前图层上。要把新对象绘制在其他图层上，首先应把这个图层设置为当前图层。在实际绘图中最简单、最常用的方法，就是单击图 2-8 所示"图层"工具栏的下拉箭头，查看所有图层，并在图层列表中选择要设置为当前图层的图层名称，即可实现图层切换，任何时刻当前图层只能有一个。

还有另外一种方法，就是单击"图层"工具栏的图标🕮，打开"图层特性管理器"对话框，在图层列表中选择某一图层，然后在该图层的图层名上双击鼠标左键，即可将该层设置为当前图层，当前图层名前会以✔来标识。

2. 保存与恢复图层状态

在绘图过程中，需要经常地改变图层的状态和属性设置，有时也希望恢复到先前的图层状态和属性设置。这时，利用 AutoCAD 提供的保存和恢复图层状态功能比起逐项改动要快很多，即先给图层状态起个名字保存起来，在需要恢复该状态时调用该图层状态名称即可。

保存图层状态的操作为：单击"图层状态管理器"图标🕮，打开"图层状态管理器"对话框，单击"新建"按钮，系统弹出"要保存的新图层状态"对话框，在"新图层状态名"文本框中输入图层状态的名称，在"说明"文本框中输入相关的图层状态说明文字，单击"确定"按钮，返回"图层状态管理器"对话框完成保存。

若需要将图层恢复到某个状态，这时就可以通过"图层特性管理器"对话框选择所保存的对应图层状态来恢复。单击"图层状态管理器"图标🕮，打开"图层状态管理器"对话框，选择需要恢复的图层状态名称，单击"恢复"按钮，系统即将各图层中指定项的设置恢复到指定的状态。

3. 改变对象所在图层

若在绘图过程中需要将一些图线改动到其他图层，可以先单击需要改动的图形对象，然后在"图层"工具栏的图层控制下拉列表框中选择一个图层名，选中的所有对象就会移到所选图层上，并且这些对象的颜色、线型等会自动改变，与该图层的设置保持一致。

2-9 改变对象
所在图层

4. 删除图层

当某些图层不需要时，可以执行删除图层功能。单击"图层"工具栏的🕮按钮，打开"图层特性管理器"对话框，在图层列表中选定要删除的图层（选择的同时可按住 Shift 键或者 Ctrl 键选取多个层），然后单击"删除"按钮✖即可。

有些图层是不能删除的，如 0 图层、Defpoints 图层、包含对象的图层和当前图层、依赖外部参照的图层、局部打开图形中的图层。

5. 转换图层

转换图层是通过"图层转换器"实现的，目的是实现图形的标准化和规范化，使之与其他图形的图层结构或 CAD 标准文件匹配。例如，如果从一个不遵循自己图层标准的公司或个人接收到一个图形，可以应用转换图层功能将该图形的图层名称和特性转换为自己的标准。

要进行转换图层操作，先选择主菜单"工具"→"CAD 标准"→"图层转换器"命令，打开"图层转换器"对话框，在"转换自"列表中选择图层或通过提供选择过滤器指定图层，单击"加载"按钮，从图形、图形样板或图形标准文件中加载图层，或者单击"新建"按钮，定义新的图层，然后将当前图形中的图层映射到要转换的图层（若要从一个列表向另一个列表映射所有同名的图层，请单击"映射相同"按钮），再单击"转换"按钮，即可执行指定的图层转换。

二、图块的创建、分解与插入

在电气图的绘制当中常常用到类型相同的元器件，这些元器件具有一样的图形符号，或具有相似的图形符号。为了减少重复绘制，提高绘图质量和效率，系统提供了关于"块"（图块）的操作。块是由一个或多个图形对象组合而成的，被定义成块的对象表现为一个整体单元。

块定义是通过"创建块"命令实现的，该命令把选中的基本图形元素生成一个整体，创建的图块也可以在另一个绘图文件中被调用。系统还提供块的分解操作，其功能与"创建块"相反。下面详细介绍"块"的常用操作。

（一）创建块

选取要定义成块的图形对象，通过以下3种方式可以打开图2-10所示的"块定义"对话框进行"创建块"操作。

2-10 创建块

（1）在命令行输入"block"，按 Enter 键确认。

（2）选择下拉菜单"绘图"→"块"→"创建"命令。

（3）单击顶端"常用"工具选项卡中的"块"面板上的"创建"图标。

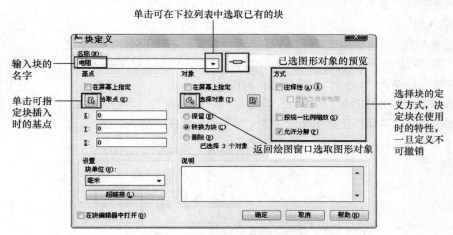

图 2-10 "块定义"对话框

在"块定义"对话框中设置好块的相关信息后，单击"确定"按钮完成块生成操作。生成块后，单独的线条元素变成一个整体图符。完成块生成后，设置保存路径以保存图块，供后面需要时调用。例如，图 2-11（a）所示为块定义前图形被选中的情况（6 根单独线条），而图 2-11（b）所示为定义成块以后被选中的情况。

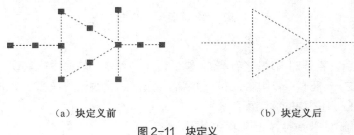

（a）块定义前　　　　　　　　　　（b）块定义后

图 2-11　块定义

> **小窍门：** 在进行块定义的时候，也可以先单击"创建块"图标 ，打开"块定义"对话框，然后单击"选择对象"图标 ，返回绘图窗口进行图形的选择，然后输入块的名称。如果要使得块在插入后不能被分解，那么在定义块的时候，不要勾选"允许分解"复选框，那么在以后块被调用插入后，即使使用"分解"命令，该块仍然保持整体性。

（二）分解块

对块进行分解是得到与块相近图形的一种快速方法，使用"分解"命令可以将所选的块分解成单个图形对象，即恢复块定义以前的状态。例如，选择图 2-11（b）所示图形对象，用分解命令后，块就被打散为图 2-11（a）中的 6 条直线。注意，若在块的定义中取消勾选"允许分解"复选框（见图 2-10），则分解命令对该块无效。

2-11 分解块

"分解"块的命令形式也有如下 3 种。

（1）命令行输入"explode"，按 Enter 键确认。

（2）选择下拉菜单"修改"→"分解"命令。

（3）单击顶端"常用"工具选项卡中的"块"面板上的"分解"图标 。

（三）插入块

需要调用块的时候可以通过"插入"块的命令实现。选择下列命令形式之一都可以打开图 2-12 所示的"插入"对话框，完成在指定位置上块的插入。

2-12 插入块

（1）在命令行输入"insert"，按 Enter 键确认。

（2）选择下拉菜单"插入"→"块"命令。

（3）单击顶端"常用"工具选项卡中的"块"面板上的"插入"图标 。

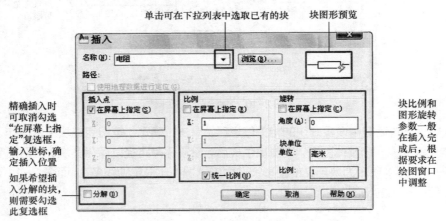

图 2-12 "插入"对话框

（四）编辑块

在块定义完成后，若要对该块进行修改，需要调用"编辑"块命令来实现。选择下列命令形式之一打开"编辑块定义"对话框，选择需要编辑的块名，单击"确定"按钮即可进入相关块的编辑窗口。

2-13 编辑块

（1）在命令行输入"bedit"，按 Enter 键确认。

（2）选择下拉菜单"工具"→"块编辑器"命令。

（3）单击顶端"常用"工具选项卡中的"块"面板上的"编辑"图标 🖉 。

系统默认的块编辑窗口呈灰色，根据系统"块编写选项板"提供的功能来对块的参数等进行编辑。编辑完成后单击顶端工具选项板工右侧的"关闭"按钮，退出块编辑窗口。

三、对图形对象的常用操作

几乎所有的电气工程图都不是按照元器件或设备的真实形状或尺寸绘制的，因此在绘制过程中，经常要对图形对象进行缩放、旋转、移动或镜像来插入元器件、调整布局；同时对于相同或相似的元器件，采用复制命令可提高绘图效率。

（一）图形对象的缩放

选中对象后，选择下拉菜单"修改"→"缩放"命令，也可以单击"修改"工具栏中的"缩放"图标 ▣ ，或单击鼠标右键，在快捷菜单中选择"缩放"命令，都可以对所选的对象进行"缩放"操作。该命令提供两种缩放方法。

2-14 缩放命令
的应用

第一种方法是按用户输入的比例缩放选定对象的尺寸。大于 1 的比例因子使对象放大，0～1 的比例因子使对象缩小。还可以拖动光标使对象变大或变小，如图 2-13 所示。命令行显示如下：

```
命令：_scale
选择对象：找到 1 个                                    // 选中阀门块对象
选择对象：                                            // 按 Enter 键确认
指定基点：                                            // 单击点 2
指定比例因子或 [复制(C)/参照(R)] <1.0000>: 0.5        // 输入比例因子，按 Enter 键确认
```

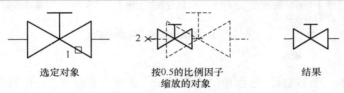

选定对象　　　　　　　按0.5的比例因子　　　　　　结果
　　　　　　　　　　　缩放的对象

图 2-13　按比例进行缩放

第二种方法是按参照长度和指定的新长度缩放所选对象。这种方法在电气绘图中经常使用，因为在对块执行插入时，一般都不知道块尺寸和预留位置的比例，所以指定块长度为参照长度，新长度为预留插入位置长度，这样执行缩放后，块的大小和预留位置一致，其过程如图 2-14 所示。命令行显示如下：

```
命令：_scale
选择对象：指定对角点：找到 6 个                        // 选中二极管对象
选择对象：                                            // 按 Enter 键确认
指定基点：
指定比例因子或 [复制(C)/参照(R)] <0.7143>: r          // 输入参数 R
指定参照长度 <70.0000>: 指定第 2 点：                 // 打开对象捕捉，单击 A、B 两点
指定新的长度或 [点(P)] <50.0000>: p                   // 输入参数 P 表示通过点选来确定长度
指定第 1 点：指定第 2 点：                             // 单击 C、D 两点
```

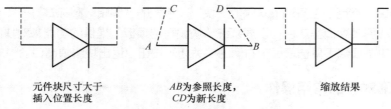

元件块尺寸大于   *AB* 为参照长度，   缩放结果
插入位置长度   *CD* 为新长度

图 2-14　按参照进行缩放

（二）图形对象的移动与旋转

1. 图形的移动

选中对象后，选择下拉菜单"修改"→"移动"命令，也可以单击"修改"工具栏中的"移动"图标 ✛，或单击鼠标右键，在弹出的快捷菜单中选择"移动"命令，都可以对所选的对象进行"移动"操作。该命令提供两种移动方法。

第一种方法是将选定对象移动到用户输入的坐标位置。坐标值用作相对位移，而不是基点位置。选定对象将移到由输入的相对坐标值确定的新位置。

第二种方法是将选定对象移动到用户鼠标指定位置。绘图中常用这种方法，操作过程如图 2-15 所示。

2-15　移动命令
的应用

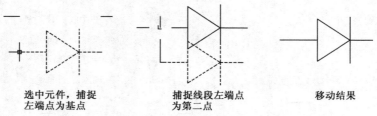

选中元件，捕捉   捕捉线段左端点   移动结果
左端点为基点   为第二点

图 2-15　按鼠标指定点移动对象

2. 图形的旋转

要旋转选中对象，可以选择下拉菜单"修改"→"旋转"命令，也可以单击"修改"工具栏中的"旋转"图标 ↻，或单击鼠标右键，在弹出的快捷菜单中选择"旋转"命令，执行"旋转"命令，让所选的对象以指定基点为中心按指定角度旋转，如图 2-16 所示。旋转命令行参数 C 表示创建要旋转的选定对象的副本，参数 R 表示将对象从指定的角度旋转到新的绝对角度。

2-16　旋转命令
的应用

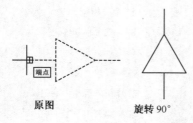

命令：_rotate
UCS 当前的正角方向：ANGDIR= 逆时针
ANGBASE=0

选择对象：指定对角点：找到 5 个 // 选择二极管
选择对象：   // Enter
指定基点：   // 选定左端点
指定旋转角度，或 [复制（C）/ 参照（R）]<0>：90

原图   旋转 90°

（a）直接旋转 90°

图 2-16　对二极管图形对象执行"旋转"命令

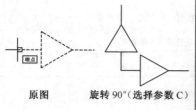

命令：_rotate
UCS 当前的正角方向：ANGDIR= 逆时针
ANGBASE=0

选择对象：指定对角点：找到 5 个
选择对象：
指定基点：
指定旋转角度，或 [复制（C）/ 参照（R）]<0>：c
旋转一组选定对象
指定旋转角度，或 [复制（C）/参照（R）]<0>：90

原图　　　旋转 90°（选择参数 C）

（b）利用参数 C 来得到图形对象副本旋转 90°的图形

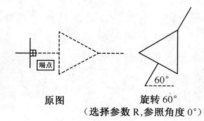

命令：_rotate
UCS 当前的正角方向：ANGDIR= 逆时针
ANGBASE=0

选择对象：指定对角点：找到 5 个
选择对象：
指定基点：
指定旋转角度，或 [复制（C）/参照（R）]<0>：r
指定参照角 <0>：0
指定新角度或 [点（P）]<0>：60

原图　　　旋转 60°
　　　（选择参数 R,参照角度 0°）

60°

（c）设定参照角为 0°，对图形进行旋转 60° 操作

图 2-16　对二极管图形对象执行"旋转"命令（续）

小窍门：在电气图的绘制中需要经常使用"移动""缩放""旋转"命令，尤其在插入元件块时。每次插入新的元件后，一般先旋转元件到需要方向，然后根据预留位置的大小缩放元件尺寸，最后再执行移动命令。

（三）图形对象的复制

要复制选中对象，可以选择下拉菜单"修改"→"复制"命令，也可以单击"修改"工具栏中的"复制"图标 ，或单击鼠标右键，选择"复制"命令，让所选的对象以指定点为基点，复制一个或多个到指定位置，如图 2-17 所示。复制命令行参数 M 表示对图形对象多次复制到鼠标指定点（默认为单次）；D 参数表示将对象副本移动到指定坐标（x，y，z）点上，即副本的基点与该坐标重合；输入参数 O 进入复制模式的选择：输入 s 表示得到一个副本，输入 m 表示得到多个副本直到命令结束。

2-17　复制命令的应用

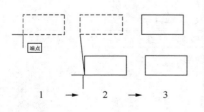

命令：copy
选择对象：找到1个　　//选中矩形
选择对象：　　　　　//单击鼠标左键或按Enter键确定
当前设置：复制模式=多个
指定基点或[位移(D)/模式(O)]<位移>：o
输入复制模式选项[单个(S)/多个(M)]<多个>：s
指定基点或[位移(D)/模式(O)/多个(M)]<位移>：
　　　　　　//单击矩形左下角
指定第二个点或 <使用第一个点作为位移>：
　　　　　　//移动鼠标到欲复制对象的位置单击左键确认

1　　　2　　　3

（a）复制对象到鼠标指定位置

图 2-17　对矩形执行"复制"命令

对象副本左下
角的坐标是
（100,200,0）

原对象矩形左
下角的坐标是
（100,100,0）

```
命令：copy
选择对象：找到1个      //选中矩形
选择对象：            //单击鼠标左键或按Enter键确定
当前设置：复制模式=多个
指定基点或[位移(D)/模式(O)]<位移>：d
指定位移<0.0000,0.0000,0.0000>：0,100,0
```

（b）复制对象到指定位移（通过坐标指定位移）位置

图 2-17 对矩形执行"复制"命令（续）

小窍门： 如要实现快速复制的功能，可以单击鼠标右键，打开快捷菜单，选择"复制"命令或者"带基点复制"命令，然后再次单击鼠标右键，打开快捷菜单选择"粘贴"命令，绘图窗口会出现跟随十字光标移动的图形，十字光标中心为该图形基点，移动鼠标到需要的位置单击左键即可完成一次复制。如要多次复制，可以单击鼠标右键，打开快捷菜单选择第一项"重复粘贴"命令，多次复制。

（四）图形对象的镜像

镜像是绕指定轴翻转对象创建对称的镜像图像的方法，对快速创建对称的对象非常有用。在绘制整个对象时，只需绘制半个，通过"镜像"命令，即可得到整个对象。选择下拉菜单"修改"→"镜像"命令，或单击"修改"工具栏中的"镜像"图标 ◁▷，可打开镜像命令，让所选的对象以指定两点形成的直线为对称轴，复制一个绕轴翻转的对称图形，如图 2-18 所示。镜像命令行最后"要删除源对象吗？［是（Y）/否（N）］<否>:"参数的输入中，输入"y"表示将镜像的图像放置到图形中并删除原始对象；输入"n"则表示将镜像的图像放置到图形中并保留原始对象。

2-18 镜像命令
的应用

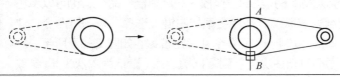

```
命令：_mirror
选择对象：指定对焦点：找到4个        //选中虚线图形元素
选择对象：                          //单击鼠标右键或按Enter键确定
指定镜像线的第1点：指定镜像线的第2点：  //打开对象捕捉选大圆的象限点A、B
```

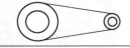

要删除源对象吗？［是（Y）/否（N）］<N>:n

要删除源对象吗？［是（Y）/否（N）］<N>:y

图 2-18 镜像命令的使用

（五）图形对象的阵列

如果要创建多个定间距的对象，使用阵列命令比复制命令要方便和快很多。有 3 种方法可以使用阵列命令，打开图 2-19 所示的"阵列"对话框。

（1）在命令行输入"array"，按 Enter 键确认。

（2）选择下拉菜单"修改"→"阵列"命令。

（3）单击"修改"工具栏中的"阵列"图标 ▦。

2-19 阵列命令
的应用

"拾取行偏移"按钮

"拾取两个偏移"按钮

"拾取列偏移"按钮

"拾取阵列角度"按钮

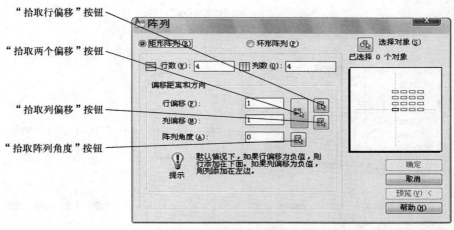

图2-19 "阵列"对话框

进行矩阵阵列操作时，先单击图2-19中的"选择对象"按钮，"阵列"对话框将关闭，在绘图窗口中选择对象。对象选择完毕后按Enter键，返回"阵列"对话框。接着在"行数"和"列数"文本框中，输入阵列中的行数和列数，对应右侧的预览窗口将显示结果，然后输入行、列的偏移参数、阵列角度参数。单击"预览"按钮可以预览阵列效果，再单击鼠标左键可以返回对话框。单击"确定"按钮完成矩形阵列操作。

在指定对象间水平和垂直间距（偏移）时，还可以单击"拾取两个偏移"按钮，在绘图窗口指定阵列中某个单元的相对角点，此单元决定行和列的水平和垂直间距（见图2-20）。单击"拾取行偏移"或"拾取列偏移"按钮，使用定点设备指定水平和垂直间距。

要修改阵列的旋转角度（见图2-21），请在"阵列角度"文本框内输入新角度，或单击"拾取阵列角度"按钮，在绘图窗口中绘制直线指定角度，右侧预览窗口中显示阵列角度修改结果。

图2-20 行、列间距示意图　　　　　图2-21 对象旋转角度间距示意图

如果要进行环形阵列操作，在图2-19所示"阵列"对话框中，点选"环形阵列"单选项，在图2-22中单击"选择对象"按钮，"阵列"对话框将关闭，在绘图窗口中选择对象。对象选择完毕后按Enter键，返回"阵列"对话框。接着在"中心点"文本框中输入X、Y坐标值，或者单击右侧的"拾取中心点"按钮，在绘图框中单击指定点来确定环形阵列圆心位置。在"方法"下拉列表中选择"项目总数和填充角度"，输入阵列项目总数和填充角度，也可单击"拾取填充角度"按钮，在绘图窗口中选取，项目间角度对应数值自动计算；在"方法"下拉列表中选择"项目总数和项目间角度"，输入阵列项目总数和项目间角度，也可单击"拾取项目间角度"按钮，在绘图窗口中选取，填充角度对应数值自动计算；在"方法"下拉列表中选择"填充角度和项目间角度"，输入填充角度和项目间角度，也可单击"拾取填充角度""拾取项目间角度"按钮，在绘图窗口中选取，项目总数对应数值自动计算。参数确定后，可以通过右侧预览窗口看到环形阵列效果，单击"确定"按钮完成操作。

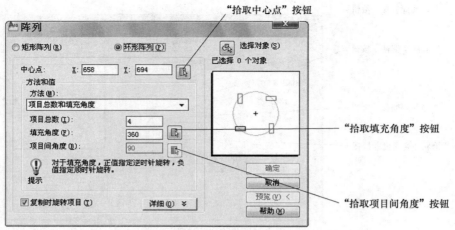

图 2-22　单击环形阵列时的"阵列"对话框

系统默认"复制时旋转项目"复选框勾选，被复制对象根据参数自动旋转，如图 2-23 所示；如取消勾选该项，被复制对象不旋转，如图 2-24 所示。

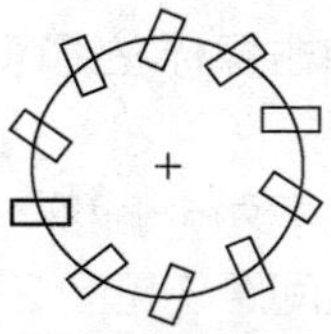

图 2-23　被复制对象旋转效果

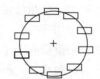

图 2-24　被复制对象不旋转效果

四、"文字"工具栏

电气图的绘制中，对设备、元器件的注释和说明等文字内容的输入、修改可通过图 2-25 所示的"文字"工具栏内各项命令实现。其命令及功能如表 2-1 所示。

图 2-25　"文字"工具栏

表 2-1　"文字"工具栏的命令及功能

图标	命　令	命令行英文输入	功　能
A	多行文字	mtext	进行多行文字注释
AⅠ	单行文字	dtext	进行单行文字注释
A⁄	文字编辑	ddedit	对选择文字对象的大小、格式、颜色等进行修改
⁽ᴬᴮᶜ	文字查找	find	在对话框中输入条件，进行文字的查找和替换
ᴬᴮᶜ⁄	拼写检查	spell	在对话框中输入检查位置，根据所用主字典进行文字的拼写检查
A⁄	文字样式	style	在对话框中对文字的样式、字体、比例等进行修改
▣	缩放	scaletext	对选定的文字对象进行放大或缩小
▣↓	对正	justifytext	改变选定文字对象的对齐点而不改变其位置
▦↓	在空间之间转换距离	spacetrans	可将模型空间或图纸空间中的长度（特别是文字高度）转换为其他空间中的等价长度

最常用的是"多行文字"命令，该命令图标 **A** 已经集成在"绘图"工具栏中，单击该图标就可以在指定位置上输入字符。如果还要使用其他命令就要调出"文字"工具栏，具体方法在前面的"工具栏"部分已讲述，这里就不再详述了。

五、电路图常用元器件图形符号

表 2-2 所示为电子线路常用元器件的图形符号及说明，以帮助读者更好地识读电路图，更多的相关符号可以在国家相关标准中查到。

表 2-2　电子线路常用元器件的图形符号及说明表

类　型	图形符号及说明	
电阻器		电阻器
		可变电阻器/可调电阻器
		滑动变阻器
		带触点电位器
电容器		电容器
		极性电容器
		可变电容器/可调电容器
电感器		电感器线圈，扼流线圈
		带铁心的电感器
		可变电感器
半导体二极管		半导体二极管
		发光二极管
		单向击穿二极管、电压调整二极管、江崎二极管
		双向击穿二极管
半导体三极管		PNP 型半导体三极管
		NPN 型半导体三极管、集电极接外壳
晶体管		三极晶体闸流管
		反向阻断三极晶体闸流管、N 型控制极（阳极侧受控）
		反向阻断三极晶体闸流管、P 型控制极（阴极侧受控）
		光控晶体闸流管

续表

类　　型	图形符号及说明
灯及信号器件	⊗　灯、信号灯
	闪光型信号灯
	电铃
	蜂鸣器
	电警笛、报警器
逻辑单元	运算放大器（简称运放）　电流型运放　与或门　与或非门
	与门　或门　异或门　非门（反相器）
	与非门　或非门　异或非门
其他	扬声器　电池　硅光电池　天线

项目实施

对图 2-1 所示电路原理图进行分析后，本项目还有以下几个主要任务：定义各元器件图块、绘制线路结构图、插入各元器件、添加注释文字。

一、创建项目图形文件

打开 AutoCAD 2010 应用程序，选择"AutoCAD 经典"工作空间。系统创建一个默认文件名为"Drawing1.dwg"的文件，对该文件进行另存或保存操作就可以改变文件存储位置和文件名，这里保存时输入"调频器电路图"为文件名即可。

二、创建图层

单击图标 打开"图层特性管理器"对话框。按照图 2-26 所示新建 3 个图层，分别为："文字层"，用来放置元器件名称、说明等文字信息；"线路层"，用来绘制电路图中的线路；"元器件层"，用来绘制所有元器件图块。系统默认的图层可用来绘制图框、标题及标题文字。所有图层的颜色、线型、线宽都采取系统默认设置。

状态	名称	开	冻结	锁定	颜色	线型	线宽	打印样式	打印	新视口
✓	0	♀	☼	⌗	■白	Continuous	——默认	Color_7	⊖	⊡
▱	Defpoints	♀	☼	⌗	■白	Continuous	——默认	Color_7	⊜	⊡
▱	文字层	♀	☼	⌗	■白	Continuous	——默认	Color_7	⊖	⊡
▱	线路层	♀	☼	⌗	■白	Continuous	——默认	Color_7	⊖	⊡
▱	元器件层	♀	☼	⌗	■白	Continuous	——默认	Color_7	⊖	⊡

当前图层：0　　　　　搜索图层

图 2-26　项目的图层

三、创建电路元器件

本项目所用的元器件主要有电阻器、电感器、电容器、二极管、三极管，如图 2-27 所示，都放在"元器件层"。先将图层切换到"元器件层"，下面的操作都在该层进行。本项目主要用到的绘图命令有直线、矩形、多线段、圆弧、分解、复制、镜像等，初次使用的命令展开讲解，前面用过的命令不再展开。

图 2-27　项目中主要元器件图形符号

（一）绘制电阻器符号

打开"正交""对象捕捉"模式（"中点"必选，其他为常用即可），电阻器绘制过程如图 2-28 所示。

（1）单击"绘图"工具栏中的"矩形"图标 ，或者在命令行窗口中输入"rectang"，绘制一个长 15、宽 5 的矩形，如图 2-28（a）所示。

（2）单击"直线"图标 ，捕捉图 2-28（b）中矩形的右侧中点，用相对坐标输入直线长度。

2-20　绘制矩形　　　2-21　电阻的绘制

（3）用同样方法绘制另一边直线，即可得到电阻器图形，如图 2-28（c）所示。

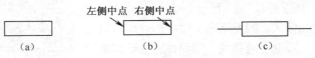

左侧中点　右侧中点

(a)　　　　(b)　　　　(c)

图 2-28　电阻器的绘制

电阻器绘制过程的命令行提示如下。

```
命令: _rectang                                          // 单击图标 ，命令自动输入
指定第一个角点或 [倒角(C)/标高(E)/圆角(F)/厚度(T)/宽度(W)]:  // 任意点
指定另一个角点或 [面积(A)/尺寸(D)/旋转(R)]: d              // 参数 d 可指定大小
```

```
指定矩形的长度 <10.0000>: 15                    // 输入 15 为长度
指定矩形的宽度 <10.0000>: 5                     // 输入 5 为宽度
指定另一个角点或 [面积(A)/尺寸(D)/旋转(R)]:
命令:_line 指定第一点:                          // 捕捉图 2-28(b)右侧中点
指定下一点或 [放弃(U)]: @7,0                    // 直线长度为 7
指定下一点或 [放弃(U)]:                         // 确认退出命令
命令:_line 指定第一点:                          // 捕捉图 2-28(b)另一中点
指定下一点或 [放弃(U)]: @-7,0                   // 直线长度为 7
```

在电路图中多次使用电阻器对象，所以要将该对象定义成块。选择下拉菜单"绘图"→"块"→"创建"命令或单击"绘图"工具栏中的"创建块"图标，打开图 2-29 所示的"块定义"对话框，选取图 2-28（c）所有图形，创建名为"电阻"的图形块。再次使用电阻器元件时，可以使用"插入块"命令或对块进行多次复制即可。

图 2-29　电阻块的创建

（二）绘制电容器符号

电容器符号的绘制过程如图 2-30 所示。

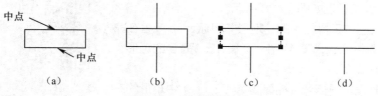

图 2-30　电容器的绘制

（1）单击"绘图"工具栏中的"矩形"图标，绘制一个长 15、宽 5 的矩形，如图 2-30（a）所示。

（2）单击"直线"图标，捕捉矩形上边中点，用相对坐标输入直线长度 7，画出矩形上端垂线，用同样方法绘制矩形下端垂线，得到图 2-30（b）。

（3）再单击"分解"图标，选中矩形并确认，则矩形打散为 4 根直线；选中左右两根直线，如图 2-30（c）所示。

（4）按 Delete 键完成删除，即可得到电容器符号，如图 2-30（d）所示。

（5）调用"创建块"命令，把电容器符号生成"电容器"图块并保存。

2-22　电容的绘制

2-23　分解命令的应用

注意："分解"命令是将一个合成图形分解成为其部件的工具。例如，上面的矩形被分解之后就变成4条直线。若对一个有宽度的直线执行分解，分解后会失去其宽度属性。

（三）绘制二极管符号

绘制二极管符号的过程如图2-31所示。

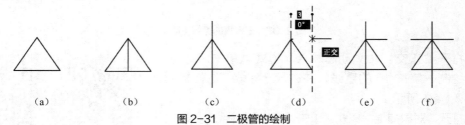

| (a) | (b) | (c) | (d) | (e) | (f) |

图2-31 二极管的绘制

（1）单击"绘图"工具栏中的"正多边形"图标⬡，或在命令行窗口中输入"polygon"，在"正交"模式下，按照下面命令行提示画出图2-31（a）所示的等边三角形。

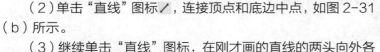

```
命令：_polygon 输入边的数目 <5>：3
指定正多边形的中心点或 [边(E)]：e    // 正交模式下确定一条边
指定边的第一个端点：               // 任意指定
指定边的第二个端点：@6,0           // 边长为6的正三角形
```

|  |  |
| 2-24 绘制正多边形 | 2-25 二极管的绘制 |

（2）单击"直线"图标✎，连接顶点和底边中点，如图2-31（b）所示。

（3）继续单击"直线"图标，在刚才画的直线的两头向外各画一条长为3的直线，如图2-31（c）所示。

（4）打开"对象追踪"模式，继续单击"直线"图标，捕捉顶点为第一点，从底边端点向上移动鼠标，通过追踪确定图2-31（d）所示的第二点。

（5）单击鼠标左键确定，画出图2-31（e）所示的图形。

（6）用同样方法画出另一边直线，即可完成二极管符号的绘制，如图2-31（f）所示。

（7）调用"创建块"命令，把二极管符号生成"二极管"图块并保存。

（四）绘制三极管符号

绘制三极管符号的过程如图2-32所示。

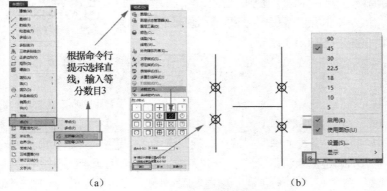

（a）　　　　　　　　　（b）

图2-32 三极管的绘制

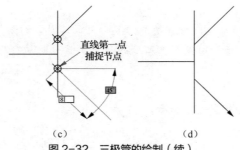

图 2-32　三极管的绘制（续）

（1）打开"正交"和"动态输入"模式，单击"直线"图标／，绘制一条长 15 的直线，并进行三等分，进行标记，如图 2-32（a）所示。

（2）打开"对象捕捉"模式，单击"直线"图标／，第一点选择直线中点，绘制一条长 8 的水平线作为基极，如图 2-32（b）所示。

2-26　绘制多段线　　2-27　三极管的绘制

（3）绘制集电极和发射极。关闭"正交"模式，打开"极轴"模式，设置 45°。调用"直线"命令，选择等分的节点为第一点，45°方向，长度为 8，绘制完成，如图 2-32（c）所示。

（4）单击"多段线"图标╮，或者在命令行窗口中输入"pline"，根据下面命令行参数绘制 PNP 三极管发射极，然后选中两个节点标记进行删除，绘制结果如图 2-32（d）所示。

```
命令：_pline
指定起点：                                              // 选发射极终点
当前线宽为 0.0000
指定下一个点或  [圆弧(A)/半宽(H)/长度(L)/放弃(U)/宽度(W)]：w
指定起点宽度 <0.0000>：
指定端点宽度 <0.0000>：1
指定下一个点或  [圆弧(A)/半宽(H)/长度(L)/放弃(U)/宽度(W)]：  // 选发射极中点
```

（5）调用"创建块"命令，生成"三极管"图块并保存。

（五）绘制电感器符号

绘制电感器符号的过程如图 2-33 所示。

（1）单击"绘图"工具栏中的"圆弧"图标╭，或者在命令行窗口中输入"arc"，按照下面命令行提示，画半径为 10 的圆弧，绘制结果如图 2-33（a）所示。

2-28　绘制圆弧　　2-29　电感的绘制

```
命令：_arc 指定圆弧的起点或 [圆心(C)]：c        // 参数 c 表示用圆心定位
指定圆弧的圆心：                              // 任意点
指定圆弧的起点： <正交 开> @10,0              // 设置距圆心右侧水平方向 10
指定圆弧的端点或 [角度(A)/弦长(L)]：@-10,0    // 设置距圆心左侧水平方向 10
```

（2）打开"对象捕捉"模式（确保"端点捕捉"选中），调用"复制"命令（╮），选中圆弧，按照图 2-33（b）所示确定基点和第 2 点，复制完成其他 4 个相切半圆弧绘制。

（3）调用"直线"命令（／），分别捕捉两端圆弧的外侧端点，用定长绘制方法绘制两端长 10 的引线，并在线圈上部画出表示铁心的直线（两端比圆弧略长即可），电感器符号绘制完毕，如图 2-33（c）所示。

（4）调用"创建块"命令，把电感器符号生成"电感"图块并保存。

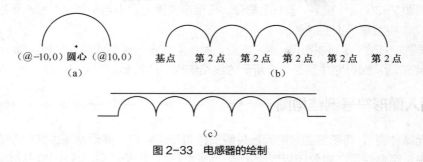

（@-10,0）圆心（@10,0）
（a）

基点　第2点　第2点　第2点　第2点　第2点
（b）

（c）

图 2-33　电感器的绘制

四、绘制线路结构图

观察图 2-1 可知，图中所有的元器件之间都是用直线来表示的导线连接而成的，如果除去元器件，电路图就变为只有直线的结构图，我们称为线路结构图。许多电路图的绘制都是在线路结构图基础上添加元器件、设备的图块来完成的。图 2-1 所示电路图的线路结构图如图 2-34 所示，绘制过程如图 2-35 所示。

（1）将图层切换到"线路层"，关闭"元器件层"，打开"正交"和"对象捕捉追踪"模式。调用"直线"命令（／），画一根垂线，按照图 2-35（a）中的尺寸用"偏移"命令（➿）得到其他垂线，连接垂线上端。

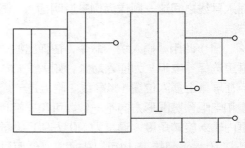

图 2-34　电路图的线路结构图

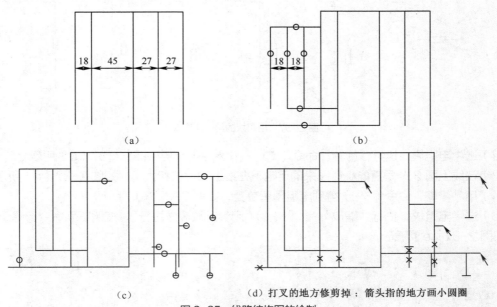

（a）

（b）

（c）

（d）打叉的地方修剪掉；箭头指的地方画小圆圈

图 2-35　线路结构图的绘制

（2）在左侧一定距离再画一根垂线，按图 2-35（b）所示距离依次向右用"偏移"命令得到两根垂线，再调用"直线"命令结合端点、垂点捕捉画出 3 条水平线，如图 2-35（b）中圆圈标识的线条。

（3）根据图 2-35（c）重复"直线"命令，在相应位置上画出若干条长、短水平线和 3 条垂线，如图 2-35（c）中圆圈标识的线条。

（4）根据图 2-35（d）的指示，用"修剪"命令完成多余线条修剪，在箭头标识位置上画出表示输入/输出点的圆，即可完成图 2-34 所示的线路结构图的绘制。

五、插入图形符号到结构图

打开"元器件层"，将前面画好的元器件图形符号依次复制、移动到线路结构图的相应位置上。插入过程当中，结合使用"对象捕捉"等功能，同时注意各图形符号的大小与线路结构不协调时，要根据实际需要利用"缩放"功能来即时调整。

本图中电气图形符号比较多，下面以将电阻器符号插入导线之间这一操作为例来说明插入、调整块的操作方法。

图 2-36　插入电阻块对话框

（1）调用"插入块"命令，在弹出的"插入"对话框里选择"电阻"为插入对象，如图 2-36 所示。插入点在屏幕上插入位置（*AB* 线）附近选一点，若插入位置和电阻预览图形方向不一致，可在"旋转角度"文本框内输入旋转角度，通常为 90°/-90°（垂直翻转）或180°（水平翻转），也可以先插入，然后再根据需要执行"旋转"命令调整。这里直接单击"确定"按钮插入电阻器符号，结果如图 2-37（a）所示。

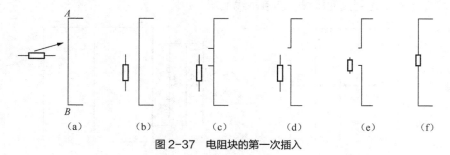

（a）　　　（b）　　　（c）　　　（d）　　　（e）　　　（f）

图 2-37　电阻块的第一次插入

（2）选中电阻块，执行"旋转"命令（⟳），输入 90，结果如图 2-37（b）所示。

（3）在线上画 2 条垂直的小直线来确定电阻在线上的位置和大小，如图 2-37（c）所示。

（4）用"修剪"命令（-/--）得到电阻预留位置，如图 2-37（d）所示。

（5）选中电阻块，执行"缩放"命令（▣）（用参照长度法进行），按照下面命令行提示操作，结果如图 2-37（e）所示。

```
命令：_scale
选择对象：找到 1 个                    // 单击电阻块
选择对象：                            // 单击右键确认
指定基点：                            // 电阻上端点
```

指定比例因子或 ［复制（C）/参照（R）］<1.5000>：　r

指定参照长度 <53.4532>：　指定第 2 点：　　　　　// 电阻上、下两端点为此处 1、2 点

指定新的长度或 ［点（P）］<1.0000>：　p

指定第 1 点：　指定第 2 点：　　　　　　　　　　　// 直线预留位置上、下两端点为指定第 1、2 点

（6）单击"移动"命令（ ✛ ），选中电阻块，以上顶点或下顶点为基点，移动到线路中（捕捉线段相应位置的端点为移动的第 2 点），按 Enter 键确定，并将定位用的两根小线段删除，即可完成，结果如图 2-37（f）所示。

第一个电阻器插入完成后，其他的电阻器就可以通过复制这个电阻块得到，并保持整个图的统一性。其他元器件块第一次插入时采用的方法和上述电阻块插入方法一致，再插入重复元器件时，采用以下方法更快。现以第 2 个电阻器插入为例介绍该方法。

（1）关闭"正交"模式，保留"对象捕捉"模式。选中电阻块，调用"复制"命令（ 🗐 ），以电阻上端点为基点复制到第 2 个插入位置附近，如图 2-38（a）所示。

（2）从电阻两端点画两条垂线到插入线段，如图 2-38（b）所示。

（3）用"修剪"命令（ ⊬ ）剪去中间线段，结果如图 2-38（c）所示。

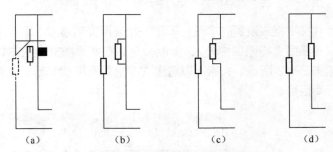

图 2-38　电阻块的重复插入

（4）用"移动"命令（ ✛ ），将电阻移入线段空位（基点取电阻任意端点，第 2 点捕捉对应的线段端点），并删除两条小线段，完成插入，结果如图 2-38（d）所示。

按照上面的方法将全部的元器件插入完成后的电路图如图 2-39 所示。

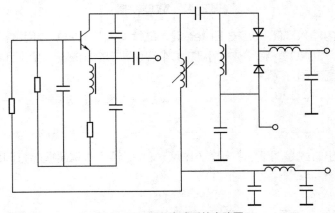

图 2-39　插入完成后的电路图

六、添加文字和注释

选择下拉菜单"格式"→"文字样式"命令或单击"文字"工具栏中的"文字样式"图标 A，打开"文字样式"对话框。单击"新建"按钮，然后输入样式名"工程字"并单击"确定"按钮，如图 2-40 所示。

字体选"仿宋_GB2312"，高度选择默认值为 5，宽度因子输入值为 0.7，倾斜角度默认值为 0。

检查预览区文字外观，如果合适，依次单击"应用"和"关闭"按钮，如图 2-41 所示。

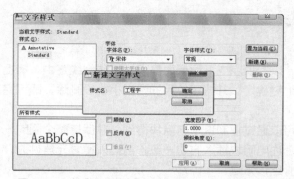

图 2-40 在"文字样式"对话框中新建"工程字"样式

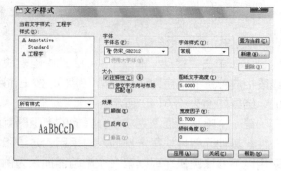

图 2-41 设置文字样式

文字格式设置完毕后，下面开始进行文字输入。单击"绘图"工具栏中的"多行文字"图标 **A**，或者在命令行窗口中输入"mtext"，在要添加文字的位置上单击确定文字框，弹出的添加文字框如图 2-42 所示。大家可以看出文字框具有微软 Word 的风格，能够十分方便地修改字体、字号、行间距等。

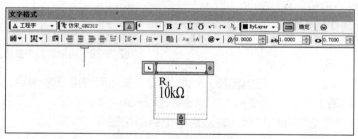

图 2-42 添加文字框

在光标闪烁的框内输入"R_1"后按 Enter 键，继续输入"$10k\Omega$"。用鼠标选中"R_1"，将字体大小改为 2.5，选中"$10k\Omega$"，将字体大小改为 4。用同样的方法输入全部元器件的名称、值以及说明文字，整个电路图就画好了。

拓展知识

工程上常用的输出方式是图纸的打印，AutoCAD 提供了非常便捷的打印操作，如打印预览、局部打印和全局打印。

一、打印预览

在将图形发送到打印机或绘图仪之前，最好先对打印图形进行预览，预览可以节约时间和材料，观察打印效果是否符合需要。常用的预览操作有以下两种方法。

方法一：选择下拉菜单"文件"→"打印预览"命令，打开预览窗口来观察打印效果。

2-30 图形输出　2-31 图形打印

注意：单击"打印预览"按钮，默认对绘图窗口显示的图形进行预览，所以在预览之前应先将所要打印的图形对象部分进行调整。

提示：可以通过鼠标的滚轮来调整窗口显示图形的大小。

方法二：选择下拉菜单"文件"→"打印"命令，打开图 2-43 所示的"打印"对话框，在"打印范围"下拉列表中选择相应命令进行区域设置，选择好打印机或绘图仪设备，单击"预览"按钮，即可进行预览。预览显示图形在打印时的确切外观，包括线宽、填充图案和其他打印样式选项。预览满意，单击"确定"按钮即可打印。

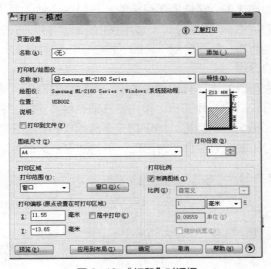

图 2-43 "打印"对话框

二、打印图形

打印之前要先进行一些打印设置：选择下拉菜单"文件"→"打印"命令，即可打开图 2-43 所示的"打印"对话框，对打印页面、打印机/绘图仪、打印区域、图纸尺寸等进行设置。

在图 2-43 中，单击"页面设置"选项栏中的"添加"按钮来输入打印页面的名称，该名称不影响图形的打印，用户也可以选择"无""上一次"等。

可以从"打印机/绘图仪"选项栏中的"名称"下拉列表中选择一种绘图仪，单击"特性"按钮，可以查看和修改绘图设备的参数。

在"图纸尺寸"下拉列表中选择图纸尺寸，右上侧会显示所选图纸尺寸的预览。在"打印份数"文本框中，输入要打印的份数。

在"打印区域"选项栏指定图形中要打印的部分，系统提供了 4 种区域选择方式：①"窗口"方式，选择该方式后，将会返回绘图窗口，通过鼠标指定要打印区域的两个角点，或输入坐标值来规划打印区域，打印指定的图形部分；②"范围"方式，选择该方式将对当前空间内的所有几何图形进行打印；③图形界限方式，从"布局"选项卡打印时，将打印指定图纸尺寸的可打印区域内的所有内容，其原点从布局中的（0,0）点计算得出，而从"模型"选项卡打印时，将打印栅格界限定义的整个图形区域；④"显示"方式，在该种打印方式下，只打印前视口中显示的视图。选定绘图区域后，可以单击"预览"按钮进行预览。在"打印比例"选项栏中，通常勾选"布满图纸"复选框，也可以从"比例"框中选择缩放比例。

图纸的可打印区域由所选输出设备决定，在布局中以虚线表示。修改为其他输出设备时，可能会修改可打印区域。在"打印偏移"选项栏中，可以修改打印图纸上图形的偏移尺寸，在"X"偏移/"Y"偏移框中输入正值（右/上）或负值（左/下），可以偏移图纸上的几何图形。图纸中的绘图仪单位为英寸或毫米，或者勾选"居中打印"复选框，系统自动计算 X 偏移和 Y 偏移值，在图纸上居中打印。当"打印区域"设置为"布局"时，此选项不可用。

单击"打印"对话框右下角的图标 ⊙，即可展开更多打印设置。

在"打印样式表（笔指定）"选项栏，可以从"名称"框中选择打印样式表，来设置、编辑打印样式表，或者创建新的打印样式表。该选项是可选的，一般保持默认为"无"。

在"着色视口选项"选项栏，"着色打印"是用来指定视图打印方式的，"质量"是指定着色和渲染视口打印分辨率的。这两项一般保持默认，即"按显示"和"常规"。如有特殊要求，则可在相应的下拉列表中选择适当的设置。

在"打印选项"选项栏可以勾选"打印对象线宽""按样式打印""最后打印图纸空间"等复选框。其中如果勾选"打开打印戳记"复选框，单击该选项右侧显示的"打印戳记设置"按钮，即可打开图 2-44 所示的"打印戳记"对话框，用于指定要应用于打印戳记的信息，如图形名、日期和时间、打印比例等。注意打印戳记只在打印时出现，不与图形一起保存。

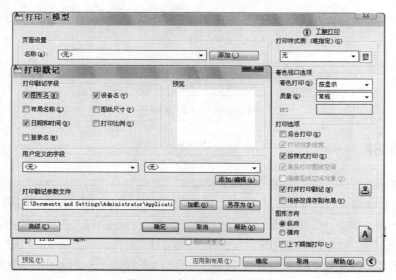

图 2-44 "打印戳记"对话框

"图形方向"选项栏中的各项是用来支持纵向或横向的绘图仪指定图形在图纸上的打印方向的，右侧带字母的图纸图标代表所选图纸的介质方向，字母的方向代表图形在图纸上的方向。当点选"纵向"或"横向"单选项，以及勾选"上下颠倒打印"复选框时，右侧图标会用字母显示选项效果。

当用户完成以上各项打印设置后，单击"确定"按钮即可打印图形文件。

小结

本项目介绍了 AutoCAD 图层的概念及其相关的操作，包括新建图层、图层的命令与删除操作、图层特性的修改等，详细地讲解了图块的创建及调用方法，图形对象的缩放、移动、旋转、镜像和阵列操作，"文字"工具栏命令与内容，列出了电路图常用元器件的图形符号及其名称，并通过项目实施详细给出了用矩形、正多边形、多段线、圆弧、复制、移动、镜像等命令绘制电阻器、电容器、电感器、二极管、三极管的方法，以及用"文字"工具栏对元器件进行文字注释和说明的过程。在拓展知识部分介绍了如何进行打印设置来完成用户自定义的图形文件的打印工作。

自测题

一、简答题

1. 打开/关闭图层有什么作用？能在关闭的图层上绘图吗？
2. 如何将一个图层上的对象移动到指定图层？何种情况下不能移动当前对象？
3. 如何删除图层？什么图层不可删除？
4. 如何改变图层的颜色和线型？
5. 分解命令可以分解何种图形对象？
6. 定义好的块可以修改吗？如何修改？
7. 单行文字输入和多行文字输入有何区别？
8. 如何利用复制命令进行同一水平线的多次复制？
9. 用镜像和阵列可以实现复制功能吗？它们和复制命令有什么不同？

二、填空题

1. AutoCAD 提供了_____来对图形对象进行归类管理。
2. 图层处于打开或关闭状态_____（会/不会）影响绘制操作。
3. 冻结的图层_____（可以/不可以）设置为当前图层。
4. 将多个图形对象定义为一个整体，这个整体称为_____。
5. _____命令可以实现图形对象的轴对称。
6. 如果要把某一个元件插入到预留位置时，可以使用_____命令。
7. 电路图中元器件的布局采用的是_____。
8. 电气图的布局有_____和_____。
9. 如果图层上还有用户绘制的图形，那么该图层是_____（可以/不可以）删除的。
10. 打印或预览图纸的第一步是_____。

三、实做题

1. 创建图 2-45 所示的元器件图块。

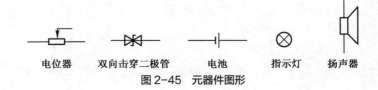

电位器　　　双向击穿二极管　　　电池　　　指示灯　　　扬声器

图 2-45　元器件图形

2. 图 2-46 所示为 555 集成电路构成的触摸开关电路原理图，请建立"元器件层""线路结构层""文字层"3 个图层对其进行绘制。

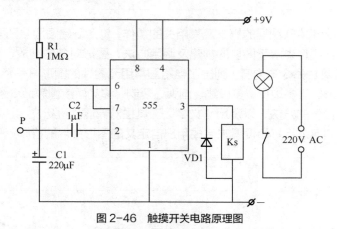

图 2-46　触摸开关电路原理图

3. 绘制图 2-47 所示的超声波遥控电路原理图，注意图层及相应图层绘图颜色的应用。

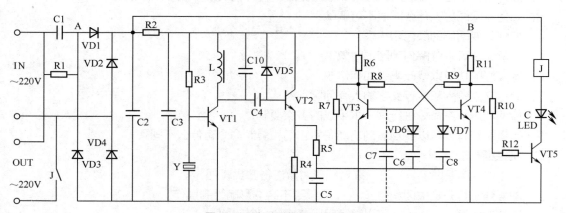

图 2-47　超声波遥控电路原理图

四、思考题

通过本项目的学习，大家掌握了如何绘制电路原理图，而在实际电气工程中完成一项设计需要多人协同工作，并非一人之力成就的。2022 年卡塔尔足球世界杯主场馆卢赛尔体育场由中国铁建国际集团有限公司承建，秉承可持续发展和绿色理念，中国派出约 800 名中国工人、200 名中国工程师和一线技术人员，同时还有来自 20 多个国家 110 家分包企业、数千名建设者默默参与，辛勤劳动，耗时近 5 年在沙漠之地建起了总建筑面积 19.5 万平方米，可容纳 8 万观众的高科技的巨型足球场。请大家思考作为团体的每个成员该如何做才能高效、高质完成任务？

项目三
继电器-接触器控制电路原理图的绘制与识图

【能力目标】

通过 3 个典型继电器-接触器控制电路原理图的绘制，巩固常用绘图命令及对图块的操作，熟练应用栅格及捕捉功能，掌握图框的绘制方法，能灵活应用辅助线帮助绘图，并具备继电器-接触器控制电路图的绘制和识读能力。

【知识目标】

1. 了解继电器-接触器控制电路特征。
2. 掌握图框和标题栏的绘制。
3. 掌握常用电器的电气图形符号的绘制。
4. 熟练应用栅格及捕捉功能。
5. 熟练应用辅助线绘图。
6. 掌握继电器-接触器电路图的绘制步骤及方法。

【素质目标】

培养正确的科学理论实践观。

项目导入

目前，机电设备的控制技术进入了无触点、连续控制、弱电化、微机控制的时代，但由于继电器-接触器控制系统中所用的控制电器结构简单、价格便宜，并能满足机械设备的一般生产要求，因此，其在许多简单控制系统和一些生产设备中仍然具有广泛的应用，而作为电气工程技术人员，必须熟悉继电器-接触器控制电路，并能熟练绘制该类电气设计图。

本项目将以图 3-1 所示的三相异步电动机直接启动电路和图 3-2 所示的电动机顺序控制电路这两个基本控制电路图入手，介绍基本识图的知识和简单控制电路的绘制方法，然后再进行复杂电路（如图 3-3 所示的典型机床控制电路）的绘图学习。

本项目要求为上述图纸加入简单图框，运用前面所学的绘图命令、修改命令，正交、捕捉追踪工具，应用辅助线绘图方法、栅格及捕捉功能，完成继电器-接触器典型控制元器件的绘制。使用线路结构图合理分布电路图，使用"文字"工具栏对电路进行标识，形成继电器-接触器控制电路图的概念。

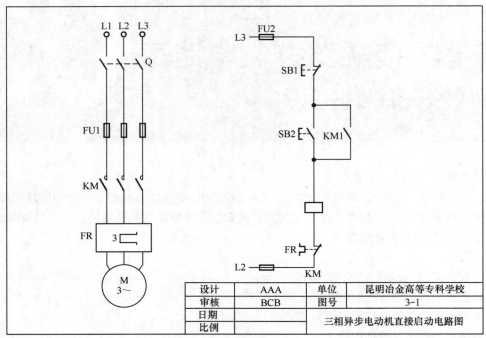

设计	AAA	单位	昆明冶金高等专科学校
审核	BCB	图号	3-1
日期			三相异步电动机直接启动电路图
比例			

图 3-1　三相异步电动机直接启动电路图

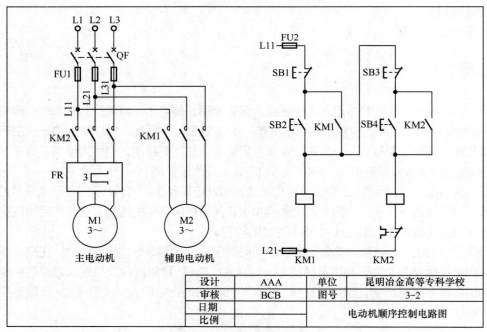

设计	AAA	单位	昆明冶金高等专科学校
审核	BCB	图号	3-2
日期			电动机顺序控制电路图
比例			

图 3-2　电动机顺序控制电路图

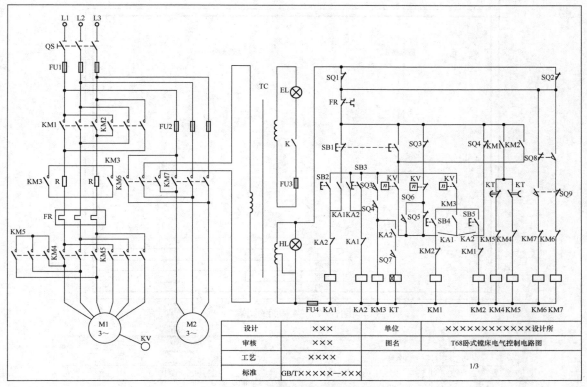

图 3-3　典型机床控制电路图

相关知识

一、电气图图幅的绘制

下面以绘制图 3-4 所示的 A4（规格为 297×210）幅面的简单图幅为例，给出图幅的绘制过程及方法，图中标题栏为简易标题栏。其他幅面的绘制可以参照进行，标题可以根据具体项目设计要求来设计。

（一）建立图层

打开"图层特性管理器"对话框，新建一个图层，命名为"标题层"，用来进行标题栏的绘制和文字输入，默认图层"0"用来放置图框线，如图 3-5 所示。

（二）绘制图框

将"0"图层切换为当前图层。调用"矩形"命令（单击"矩形"图标 ▭ ），按照下列命令行提示输入参数"d"来进行图框尺寸设置，即可绘制一个 297×210 的矩形。

3-1　绘制 A4
图框

```
指定第一个角点或 [倒角(C)/标高(E)/圆角(F)/厚度(T)/宽度(W)]:
指定另一个角点或 [面积(A)/尺寸(D)/旋转(R)]: d
 指定矩形的长度 <10.0000>: 297
 指定矩形的宽度 <10.0000>: 210
 指定另一个角点或 [面积(A)/尺寸(D)/旋转(R)]:
```

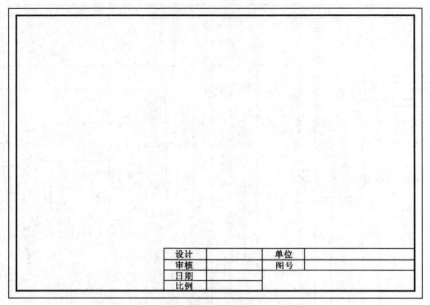

图 3-4　A4 幅面的图幅

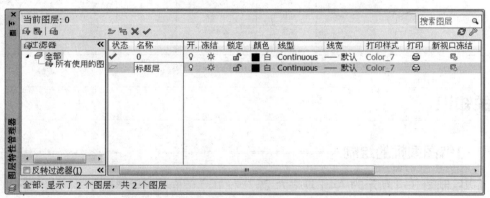

图 3-5　建立图层

这里选择不需装订的图纸类型，所以内框和外框四周距离相等。用"偏移"命令（⬚）绘制与外框距离为 5 的内框，命令行提示及操作如下。

```
命令: _offset
当前设置: 删除源=否    图层=源    OFFSETGAPTYPE=0
指定偏移距离或 [通过(T)/删除(E)/图层(L)] <1.0000>: 5
选择要偏移的对象, 或 [退出(E)/放弃(U)] <退出>:                    // 选中矩形
指定要偏移的那一侧上的点, 或 [退出(E)/多个(M)/放弃(U)] <退出>:     // 在矩形内部单击鼠标左键
选择要偏移的对象, 或 [退出(E)/放弃(U)] <退出>:                    // 按 Enter 键完成内框绘制
```

根据 A4 图幅图框线的规定，进行图框线的调整。单击外框线，在绘图窗口单击鼠标右键，在弹出的快捷菜单中选择"特性"命令[见图 3-6（a）]，打开图 3-6（b）所示的"特性"对话框，单击"线宽"下拉列表框，选 0.25mm 的细实线。对内框进行同样操作，将其设为 0.5mm 的粗实线。绘制好的图框如图 3-7 所示。

注意： 在绘图视窗中是不显示线宽只显示线型的，要查看结果可以通过"打印预览"进行显示。

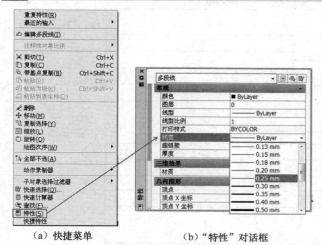

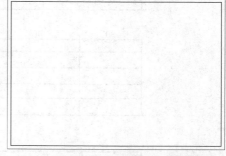

（a）快捷菜单　　　　　（b）"特性"对话框

图 3-6　改变图框线宽

图 3-7　通过打印预览显示的 A4 规格图框

（三）绘制标题栏

这里要绘制的简易标题栏如图 3-8 所示，其中标出了行列尺寸与标题字内容，绘制过程如图 3-9 所示。图纸的尺寸不同，对应标题栏的尺寸也不尽相同。对于 A4 图纸大小，还可以使用比较小（如 150×32）的标题栏，读者可自行练习绘制。

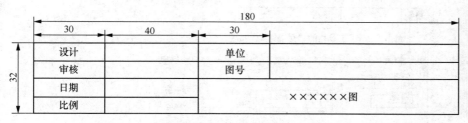

3-2　绘制标题栏

图 3-8　简易标题栏

（1）将"标题层"置为当前图层。打开"对象捕捉"模式，单击"矩形"图标 ⬚，第一点捕捉内框右下角，绘制 180×32 的矩形标题栏外框（长度输入 180、宽度输入 32），得到图 3-9（a）所示的小矩形。

（2）对标题栏外框使用"分解"命令（ ），选择图 3-9（b）所示的上边，单击"偏移"图标 ，偏移量为 8，依次下移单击得到图 3-9（c）所示的 3 条水平线。

（3）再使用"偏移"命令（ ）依次处理左边，距离分别为 30、40、30，如图 3-9（d）所示。

（4）使用"修剪"命令（ ）剪去多余线条，即可完成图 3-9（e）所示标题栏框的绘制。

接下来输入标题栏文字。单击"文字"工具栏中的"文字样式"图标 ，打开"文字样式"对话框，"样式"选择"Standard"，"字体"为"宋体"，单击"应用"按钮完成文字格式设置，如图 3-10 所示。若以"Standard"为模板单击"新建"按钮，在弹出来的对话框输入"工程字"，然后在"文字样式"对话框内将高度设为 4、宽度因子设为 0.7，可以建立常用的工程绘图字体，请读者自行操作来体会工程字的不同。

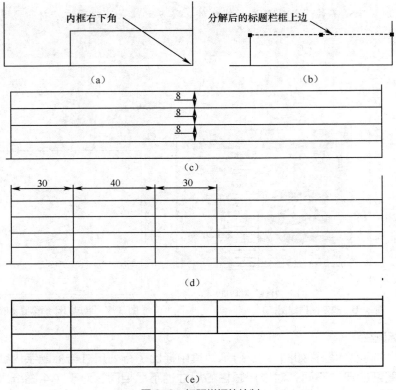

图 3-9　标题栏框的绘制

单击"文字"工具栏的"文字样式"按钮

图 3-10　文字格式设置

　　单击"单行输入"图标 **A**，在对应位置上单击鼠标右键确定，然后在命令行输入字符高度为 4，角度默认，再移动鼠标确定文字框右下角位置，系统将弹出图 3-11 所示的文字框，用户可以轻松地改变字体的样式、颜色、格式等。

　　在框内输入文字，单击"确定"按钮。再继续重复"单行输入"命令，在标题栏各项目输入相应文字，最后利用"移动"命令（ ✛ ）调整文字位置，即可完成图 3-4 所示标题栏的绘制。

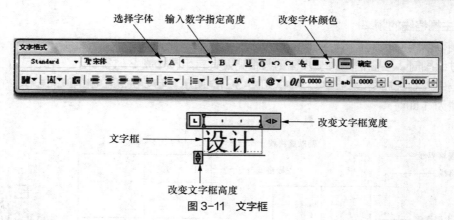

选择字体　　输入数字指定高度　　改变字体颜色

改变文字框宽度

文字框

改变文字框高度

图 3-11　文字框

（四）保存图幅

将上面画好的图框另存为"A4 简单图框.dwg"，这样在画其他图时，只需打开该文件，将其另存为设计所需文件名就可以开始新的设计。读者在练习时也可将图框和标题栏分别画在除"0"层外的两个图层上，尤其对于复杂的标题栏，这样处理的好处是方便修改，节省画图幅的时间，提高设计效率。

二、捕捉和栅格

在绘图过程中，很难利用光标精确指定点的某一位置，而利用系统提供的栅格和捕捉功能就可以实现点的精确定位，提高绘图的速度和效率。

栅格是指点或线的矩阵，遍布指定为图形界限的整个区域，可以控制其间距、角度和对齐方式。形象地说，使用栅格类似于在图形下放置一张坐标纸，可以对齐对象并直观显示对象之间的距离，但这个坐标系（栅格）在打印时不会显示。

"捕捉"模式用于限制十字光标，使其按照用户定义的间距移动。当"捕捉"模式打开时，光标似乎附着或捕捉到不可见的栅格。"捕捉"模式有助于使用箭头键或定点设备来精确地定位点。"栅格"模式和"捕捉"模式经常同时打开。

（一）栅格的显示样式

栅格可以显示为点矩阵或线矩阵。仅在当前视觉样式设置为"二维线框"时栅格才显示为点，否则栅格将显示为线。

改变栅格的显示方式可以通过选择下拉菜单"视图"→"视觉样式"命令来实现，其中"二维线框"格式是点阵，其他模式是线条，如图 3-12 所示。

3-3　栅格的显示

（a）点阵显示模式　　　　　（b）线条显示模式

图 3-12　栅格的两种显示模式

（二）主栅格线的频率

如果栅格以线而非点显示，则颜色较深的线（称为主栅格线）将间隔显示。在以十进制单位或英尺和英寸绘图时，主栅格线对于快速测量距离尤其有用，如图 3-13 所示。用户可以在"草图设置"对话框中控制主栅格线的频率，具体如图 3-14 所示。若要关闭主栅格线的显示，将主栅格线的频率设置为 1 即可。

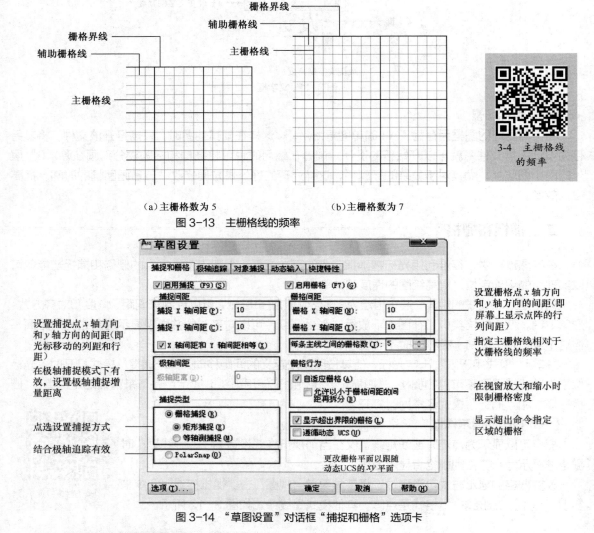

（a）主栅格数为 5　　　　　　　（b）主栅格数为 7

图 3-13　主栅格线的频率

图 3-14　"草图设置"对话框"捕捉和栅格"选项卡

（三）捕捉和栅格的设定

在绘图时一般单击绘图窗口下端状态栏的 捕捉 栅格 按钮，可以迅速打开或关闭"捕捉"模式和"栅格"模式。如要进行捕捉和栅格的参数设定，则需要选择下拉菜单"工具"→"草图设置"命令，打开图 3-14 所示的"草图设置"对话框，在"捕捉和栅格"选项卡中进行相关设定。

3-5　捕捉和栅格的设定

参数设定时注意以下几点。

（1）捕捉间距不需要和栅格间距相同。例如，可以设置较宽的栅格间距用作参照，但使用较小的捕捉间距以保证定位点时的精确性。

（2）栅格和捕捉点始终与用户坐标系（UCS）原点对齐，如果需要移动栅格和栅格捕捉原点，只能通过移动 UCS 实现。

（3）如果需要沿特定的对齐角度绘图，可以通过旋转 UCS 来更改栅格和捕捉角度，此旋转将十字光标在屏幕上重新对齐，以与新的角度匹配。

此外，在以栅格显示绘图时，放大或缩小图形视窗时，系统将会自动调整栅格间距，使其更适合新的比例。例如，如果缩小图形，则显示的栅格线密度会自动减小；相反，如果放大图形，则附加的栅格线将按与主栅格线相同的比例显示。

三、继电器-接触器控制系统介绍

继电器-接触器控制系统中所用的控制电器多属于低压电器。低压电器是指电压在 500V 以下，用来接通或断开电路，以控制、调节和保护用电设备的电器。继电器-接触器控制系统中主要电器设备是接触器、继电器和断路器，并结合主令电器和一些保护装置。下面简单介绍一下它们的功能和作用。

（1）接触器是利用电磁力使开关打开或闭合的电气元件，用于频繁地接通和分断（高达每小时1500 次）交、直流主回路（如电动机）和大容量控制电路，具有低压释放的保护性能，体积小，工作可靠，机械寿命达 2000 万次，电寿命达 200 万次。

（2）继电器是控制与保护电路中作信号转换用的电气元件，内有输入电路（感应元件）和输出电路（执行元件）。当感应元件中的输入量（如电流、电压、温度、压力等）变化到某一定值时继电器动作，执行元件便接通或断开控制回路。继电器的种类很多，按它反映信号的种类可分为电流继电器、电压继电器、速度继电器、压力继电器、热继电器、中间继电器等。

（3）断路器是用来分配电能，不频繁地启动异步电动机，对电源线路及电动机等实行保护的电气元件。发生严重的过载或短路及欠电压等故障时它能自动切断电路，功能相当于熔断器式断路器与过电流继电器、欠电压继电器、热继电器等的组合。其在分断故障电流后一般不需要更换零部件。

（4）主令电器是用来切换控制线路，改变设备工作状态的电气元件，可以直接作用于控制电路，也可以通过电磁式电器的转换对电路实现控制。机床上最常见的主令电器为按钮开关，也就是"按钮"；此外，还有万能转换开关、行程开关、接近开关、光电开关、凸轮控制器等。

（5）常用的保护装置有短路保护、长期过载保护、失压保护等。短路保护元件有熔断器、过电流继电器、自动空气开关等；长期过载的保护装置多是热继电器等元件。

常见电器的电气图形符号及其基本文字符号见表 0-5，更加详细的资料可以查阅相关的最新国家标准。

四、继电器-接触器控制电路图识读

继电器-接触器控制电路图是一种典型的电气图，该类图也称电气原理图。从电路功能上看，其一般包括主电路、控制电路、信号指示电路和保护电路 4 个部分。

（1）主电路是设备驱动电路，包括从电源到用电设备的电路，是强电流通过部分。

（2）控制电路是由按钮、接触器和继电器的线圈，各种电器的常开、常闭触点等组合构成的控制逻辑电路，能实现所需的控制功能，是弱电流通过的部分，通常通过主电路实现电源供电。

（3）信号指示电路为控制电路的运行状态提供视觉显示。

（4）保护电路则为设备的正常运行提供保障。

通常信号指示电路和保护电路是和控制电路融合在一起的，所以从电路结构来看，继电器–接触器控制电路主要分为两大部分，即主电路部分和控制电路（包括信号指示电路和保护电路）部分。

在识读继电器–接触器控制电路图时，要注意元器件和设备的可动部分均表示为不工作的状态或位置。例如，对于继电器和接触器来说，其对应的常开/常闭触点保持在打开/闭合状态；断路器、负荷开关和隔离开关表现为断开状态；控制开关保持在零位置、初始位置或停止位置；各类特殊继电器，如压力继电器、温度继电器保持在常压、常温状态；机械操作开关保持在设备非工作状态对应位置。而电路中元器件的主要技术数据，如类型、额定值等，一般标注在图形符号的附近。下面从易到难逐步介绍几个典型的继电器–接触器控制电路。

（一）电动机启动控制电路

1. 电动机的直接启动电路

对于小功率的异步电动机或鼠笼型电动机，可以采取直接启动的方法，其主电路和控制电路如图 3-1 所示。其中，Q 是三相电源开关，KM 为接触器线圈和主、辅触点，FU1 和 FU2 为熔断器，FR 为热继电器线圈及其触点，L1、L2、L3 表示三相电源，M3～表示三相异步电动机。控制电路的工作原理描述如下。

合上电源开关 Q→按下启动按钮 SB2→线圈 KM 得电，辅助触点 KM 闭合自锁，主触点 KM 闭合→电动机得电启动。

在运行状态下，按下停止按钮 SB1→线圈 KM 失电，辅助触点 KM 断开解除自锁状态，主触点 KM 断开→电动机断电停止。

2. 电动机星–三角形降压启动

大多数异步电动机的启动常常采用星–三角形降压启动，即启动时采用星形接法（电压 220V），一段时间以后切换到三角形接法（电压 380V），其主电路和控制电路如图 3-15 所示。图中的 KT 为时间继电器线圈及其一对常开、常闭触点。

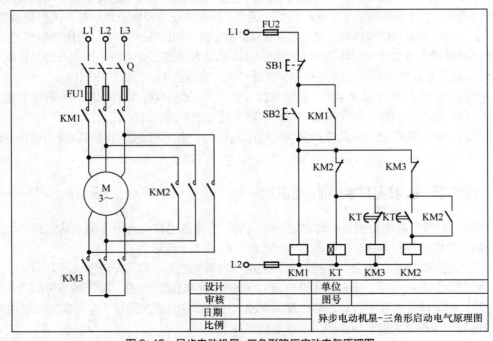

图 3-15　异步电动机星–三角形降压启动电气原理图

控制电路的工作原理如下。

合上电源开关 Q→按下启动按钮 SB2→线圈 KM1 得电，同时时间继电器线圈 KT 得电计时开始，线圈 KM3 得电→辅助触点 KM1 闭合自锁，主触点 KM1、KM3 闭合→电动机得电，以星形接法启动→时间继电器时间到→KT 常开触点闭合，常闭触点打开→线圈 KM2 得电，线圈 KM3 失电→KM2 主触点闭合，KM2 常开辅助触点闭合自锁，KM3 主触点断开，KM2 常闭辅助触点打开，KT 断电复位→电动机切换到三角形接法继续运行。

在运行状态下，按下停止按钮 SB1→线圈 KM1、KM2 失电，辅助触点 KM1、KM2 断开解除自锁状态，主触点 KM1、KM2 断开→电动机断电停止。

3．电动机正、反转控制

许多生产设备要求拖动电动机能够正、反转运行，图 3-16 所示的就是电动机典型的正、反转（带互锁控制）控制主电路及控制电路图，图中的控制电器件前面已经介绍过。

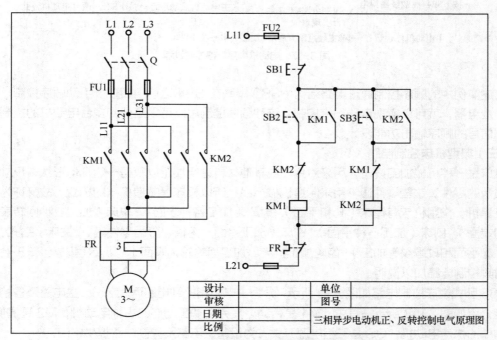

图 3-16　电动机正、反转控制电气原理图

控制电路的工作原理如下。

合上电源开关 Q→按下启动按钮 SB2→线圈 KM1 得电→常开辅助触点 KM1 闭合自锁，同时常闭辅助触点 KM1 断开（切断反转控制线路），主触点 KM1 闭合→电动机得电正转。

合上电源开关 Q→按下启动按钮 SB3→线圈 KM2 得电→常开辅助触点 KM2 闭合自锁，同时常闭辅助触点 KM2 断开（切断正转控制线路），主触点 KM2 闭合→电动机得电反转。

在运行状态下，按下停止按钮 SB1→线圈 KM1 或 KM2 失电，常开辅助触点 KM1 或 KM2 断开解除自锁状态，主触点 KM1 或 KM2 断开→电动机断电停止。

（二）电动机顺序控制电路

在许多工作场合，机械设备各部件的动作是有一定先后次序的，这就要求在进行电气控制设计时，控制的实现也有一定的顺序。图 3-2 所示的电动机顺序控制电路图就是实现主电动机和辅助电动机顺序启动的实例。

可以将主电动机看作带动钻头的主轴电动机，辅助电动机为提供冷却液循环工作的冷却泵电动机。设备的运转要求启动时必须先开冷却泵，然后钻头才能启动；冷却泵运行时，钻头可以随时启停，一旦冷却泵停止，钻头就无法工作。控制电路利用了电气控制中"联锁"的概念，很好地实现了控制要求，SB2 与 SB4 分别为辅助电动机和主电动机的启动按钮，只有辅助电动机通电后，主电动机才能通电；一旦辅助电动机断电，主电动机就无法通电；而在辅助电动机工作期间，主电动机是可以任意启停的。整个控制过程可以用图 3-17 表示，并用热继电器 FR 提供主电动机的过热保护。

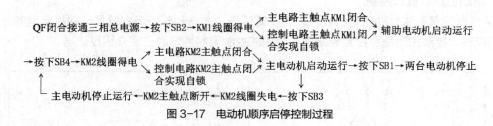

图 3-17　电动机顺序启停控制过程

上述实例中的顺序控制通过电路结构（SB2 串联在 SB4 之前）实现了手动顺序控制，如果结合时间继电器，就可以实现自动顺序控制。这种顺序控制思路可以延伸到多台电动机的控制上，实现控制信号的顺序输出功能设计。

（三）典型机床控制电路

机床是一种机械加工设备，用来对金属或其他材料进行加工以获得一定几何形状、尺寸精度和表面质量的零件。这些零件通常用来制造机械产品，所以机床是制造机器的机器，故又称为工作母机或工具机。常用机床有镗床（孔和平面）、磨床（加工各种表面）、车床（加工各种回转表面和回转体的端面）、刨床（加工各种平面）、铣床（加工平面、沟槽、分齿零件等）、钻床（钻孔、扩孔、铰孔、锪平面和攻螺纹等加工）、齿轮加工机床（加工齿轮轮齿表面）等。这里以某 T68 卧式镗床为例对其控制电路加以说明。

T68 卧式镗床控制电路如图 3-3 所示，分为主电路和控制电路两大部分。主电路及各控制环节的功能介绍如图 3-18 所示，其中，M1 是带动刀具完成加工动作的主轴电动机；M2 是提供复位、定位动作的快速电动机；QS 是三相电源开关，为设备主电路及控制电路提供电源。

图 3-19 所示为 M1 电动机正转时控制电路各元器件的工作状态，反转控制电路的工作状态与之类似。其中，SQ1～SQ9 是限位装置对应的位置开关，用来控制钻头、机架等移动极限位置；SB1 是停止按钮，SB2 是正转按钮，SB3 是反转按钮，SB4 和 SB5 分别是正、反转的点动按钮；KA1 和 KA2 分别是正、反转中间继电器；KT 是控制转向切换时间的时间继电器；KM1、KM2 是控制主电动机正、反转的接触器；KM3、KM4、KM5 是控制主电动机变速的接触器，为主电动机的加工动作提供两种速度；KM5、KM6 是控制快速移动电动机正、反转的接触器，用来使机架等快速复位；KV 是速度继电器，用于主电动机的速度检测；HL 为设备运行指示灯，而 EL 为设备工作照明灯，由开关 K 控制；TC 是变压器，从主电路去电，为照明和控制电路提供工作电压。

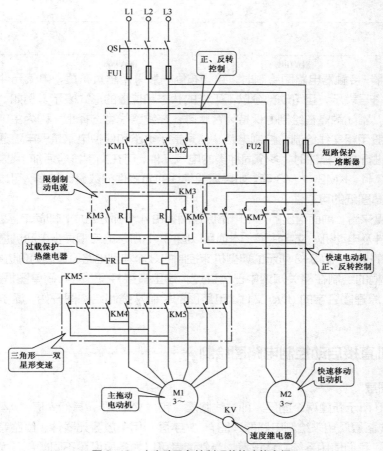

图 3-18 主电路及各控制环节的功能介绍

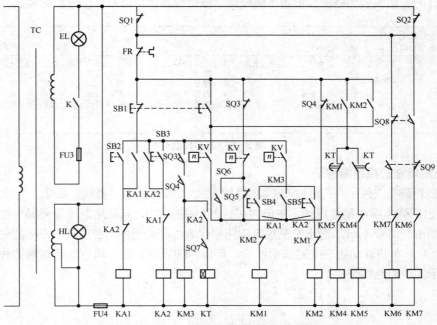

图 3-19 电动机 M1 正转时控制电路各元器件的工作状态

项目实施

在进行继电器-接触器电路图绘制时，绘图布局一般采用垂直布置，电气元件采用其对应电气图形符号和文字符号表示，且可动部分以不工作的状态和位置的形式表示。例如，常开触点在绘制时保持打开状态，常闭触点在绘制时保持闭合状态。在线路线型选择上，因为主电路是强电流通过的部分，所以一般用粗实线绘制；控制电路、信号指示电路和保护电路是弱电流通过部分，一般用细实线绘制。在进行文字标注时，多个同种类的电气元件，可在文字符号后加上数字序号加以区分，如图 3-2 中的 KM1、KM2、KM3 等。如果需要标注的元器件的数量比较多，可以采用设备表的形式统一给出，提高图纸的可读性。

从绘图的角度来看，前面给出的几个电路原理图都由 4 个部分组成，即简单标题栏的图框、线路结构、控制元器件及电动机、文字注释。本项目以图 3-1 所示的三相异步电动机直接启动、图 3-2 所示的电动机顺序控制、图 3-3 所示的典型机床控制的 3 个典型电路原理图为例进行绘制。

标题栏和图框的绘制在相关知识中已经讲过，这里直接打开"A4 简单图框.dwg"将其分别另存为上述 3 个原理图名字的 dwg 文件。电路图的绘制从线路结构图开始，逐步完成整张图纸的绘制。

一、电动机直接启动控制电路图绘制

（一）建立图层

按照图 3-20 所示新建两个图层，即"线路层"和"文字层"，其他为原"A4 简单图框.dug"文件的图层。"线路层"用来绘制电路原理图，"文字层"用来放置元器件、线路等的说明文字。由于本图较为简单，我们使用系统默认设置，当然读者可以为各层设置不同颜色，尤其是在进行多功能复杂图设计时，常需要为各图层设置不同线型、线宽或颜色，以方便区分和管理。

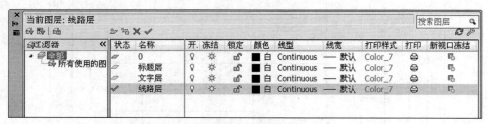

图 3-20　新建图层

（二）绘制电路的线路结构图

打开"线路层"，使用"正交"模式和"对象追踪"模式，用"直线"命令（╱）、"偏移"命令（⚏）画出系列水平线和垂直线（主电路和控制电路雏形），以及用以预留元器件位置的辅助水平线；用"矩形"命令（▭）画出右侧控制电路中代表线圈的矩形、左侧代表 FR 的线圈；最后用"修剪"命令（╱）将辅助线之间的多余线段、矩形中的线段去除，再删除所有辅助线，即可得到图 3-21 所示的线路结构图。

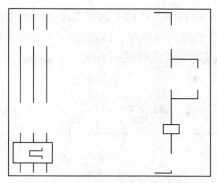

图 3-21　图 3-1 对应的线路结构图

（三）绘制控制元器件和电动机

用创建块的方法将控制电路中的各元器件和电动机分别画出，如图 3-22 所示。下面我们分别来学习这些图块的绘制，在学习中注意体会辅助线的作用。辅助线不是设计对象的一部分，仅是为了绘图定位而画的图线，在完成图形对象的绘制后必须删除。

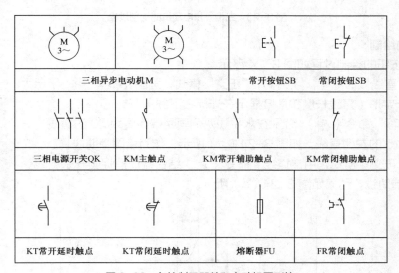

图 3-22　各控制元器件和电动机图形块

1. 三相异步电动机的绘制

三相异步电动机的绘制过程如图 3-23 所示。

（1）打开"正交"模式与"对象捕捉"模式，用"直线"命令（╱）画出图 3-23（a）所示的两条互相垂直的线（水平线长度为 100，垂直线长度为 50）。

（2）用"圆"命令（⊘）捕捉图 3-23（b）所示的交叉点为圆心，画一个半径为 30 的圆。

（3）用"偏移"命令（⧉）画图 3-23（c）所示的两条与图 3-23（a）中第 2 条线距离 20 的平行线、一条与图 3-23（a）中第 1 条线距离 30 的水平线。

（4）关闭"正交"模式，用"直线"命令（╱）捕捉图 3-23（c）所示交叉点—圆心—交叉点，画两条斜线，然后删除两条水平辅助线，结果如图 3-23（d）所示。

3-6　三相异步
电动机的绘制

（5）用"修剪"命令（ ⊬ ）剪去圆内线段，得到电动机的基本图形，如图 3-23（e）所示。

（6）用"镜像"命令（ ⚊ ）选择所有线条，以过圆心的水平线为旋转轴，得到另外一个电动机图形[见图 3-23（f）]，并分别将这两个图块进行命名。

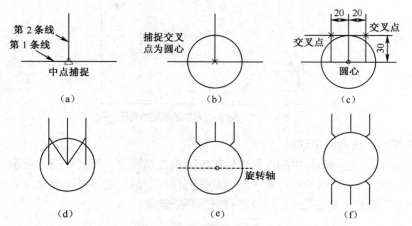

图 3-23　三相异步电动机的绘制过程

2. 按钮的绘制

（1）常开按钮的绘制过程如图 3-24 所示。

① 先用"直线"命令（ ／ ），打开"正交"模式，画图 3-24（a）所示大小约为 80 的十字形（直线长度和角度显示在光标右下侧）。

② 用"偏移"命令（ ⬚ ），分别在水平线两侧画两条距离为 20 的直线、一条距离垂线为 15 的左侧直线，如图 3-24（b）所示，作为绘图辅助线。

③ 关闭"正交"模式，用"直线"命令（ ／ ）结合端点捕捉画一条斜线，然后删除两条辅助线，结果如图 3-24（c）所示。

3-7　SB 常开按钮的绘制

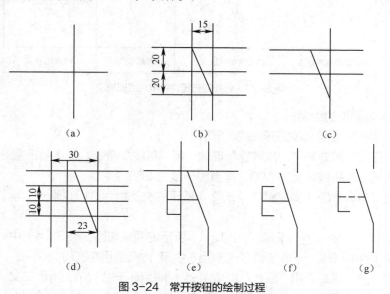

图 3-24　常开按钮的绘制过程

④ 多次使用"偏移"命令（ ⬚ ），根据图 3-24（d）所标的偏移尺寸，在垂线左侧画两条辅

助垂线，在水平线两侧画两条辅助水平线。

⑤ 参照图 3-24（e），用"修剪"命令（ ✚ ）剪去多余线段，删去多余辅助线，结果如图 3-24（f）所示。

⑥ 再画一些垂线，利用"修剪"命令对按钮处直线做虚线处理，结果如图 3-24（g）所示，最后建立"常开按钮"图块。

3-8 SB 常闭按钮的绘制

（2）常闭按钮可通过对常开按钮进行少许改动得到，整个过程如图 3-25 所示。

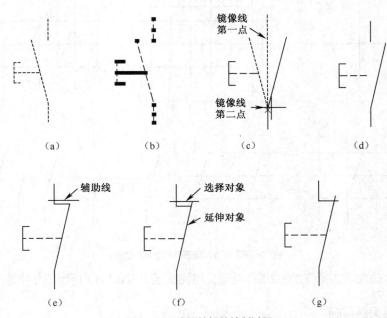

图 3-25 常闭按钮的绘制过程

① 选中"常开按钮"图块，用"分解"命令（ ▦ ）将图块分解为图 3-25（b）所示的多线条组合。

② 选中按钮斜线，用"镜像"命令（ ◁▷ ），选择图 3-25（c）所示的镜像线，在命令行输入"y"，选择删除原对象，结果如图 3-25（d）所示。

③ 调用"直线"命令（ ╱ ），结合"正交"模式画一条闭合线，然后关闭"对象捕捉"模式；继续"直线"命令在闭合线上部位置附近画一条辅助线；打开"对象追踪"模式，继续"直线"命令画两条短线（完成按钮连线），结果如图 3-25（e）所示。

④ 调用"延伸"命令（ ╌╱ ），先单击辅助线，然后单击鼠标右键确认（完成对象选择）；再单击斜线为延伸对象，即可结束延伸命令，结果如图 3-25（f）所示。

⑤ 最后删除辅助线，定义图块，即可完成图 3-25（g）所示的常闭按钮绘制。

3. 三相电源开关的绘制

三相电源开关的绘制过程如图 3-26 所示。

（1）用"直线"命令（ ╱ ）结合"正交"和"中点捕捉"模式，画出图 3-26（a）所示长度约为 90 的十字形。

（2）单击"偏移"命令（ ◻ ），设置偏移距离为 20，在水平线两侧得到

3-9 三相电源开关的绘制

图 3-26（b）所示的两根直线；继续"偏移"命令，设置偏移距离为 15，得到 5 根垂线。

（3）关闭"正交"模式，用"直线"命令（／），通过端点捕捉，画出图 3-26（c）所示的 3 条斜线。

（4）根据图 3-26（d），删除图 3-26（c）中的 3 条垂直辅助线。

（5）参照图 3-26（e），用"修剪"命令（／）剪去多余线段，删去上下两条水平辅助线，结果如图 3-26（f）所示。

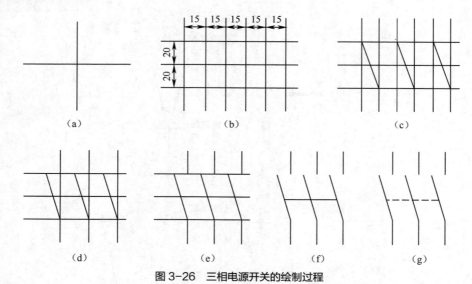

图 3-26　三相电源开关的绘制过程

（6）再画一些垂线对中间直线做虚线处理，可完成图 3-26（g）所示三相电源开关的绘制，最后将其定义为图块。

4．KM 主触点的绘制

KM 主触点的绘制过程如图 3-27 所示。

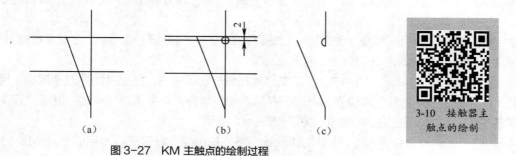

3-10　接触器主触点的绘制

图 3-27　KM 主触点的绘制过程

（1）从常开按钮绘制的图 3-24（c）开始，即图 3-27（a），开始讲解，按照图 3-27（b）所示，用"偏移"命令（）在上端水平线下画距离为 2 的辅助线，再用"圆"命令（）并捕捉交点为圆心画一个半径为 2 的圆。

（2）用"修剪"命令（／）进行修剪，并删去辅助线，即可得到 KM 主触点图形，如图 3-27（c）所示，最后将其定义为图块。

5．熔断器的绘制

熔断器的绘制过程如图 3-28 所示。

（1）用"矩形"命令（ ▭ ）画一个长 15、宽 40 的长方形。

（2）单击"直线"命令（ ╱ ），打开"正交""对象捕捉"和"对象捕捉追踪"模式，如图 3-28（b）所示，从矩形中点向上移动光标，在 10 左右确定第一点。

（3）向下移动光标，到显示 60 左右确定直线第二点，完成垂线的绘制，可得到熔断器图形，如图 3-28（d）所示，并将图形定义为"熔断器"图块。

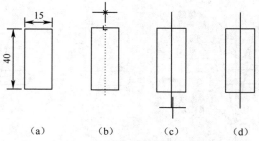

（a）　　　　　（b）　　　　　（c）　　　　　（d）

图 3-28　熔断器的绘制过程

6．KT 常闭延时触点的绘制

（1）KT 常闭延时触点的绘制过程如图 3-29 所示。

① 用"直线"命令（ ╱ ）结合"正交"模式和"中点捕捉"模式画出图 3-29（a）所示长度约为 80 的十字形。

② 根据图 3-29（b）所标数据，用"偏移"命令（ ⬚ ）画出 7 条辅助线。

③ 关闭"正交"模式，用"直线"命令（ ╱ ），利用端点捕捉，画一条斜线，并通过"延伸"命令将斜线延伸到最上端水平线位置。

④ 用"圆"命令（ ◷ ），捕捉图 3-29（c）所示交点为圆心，画一个半径为 7 的圆。

⑤ 如图 3-29（d）所示，用"修剪"命令（ ⊬ ）剪去多余线段，删去辅助线，得到 KT 常闭延时触点图形，如图 3-29（e）所示，并将整个图形对象定义为"KT 常闭延时触点"图块。

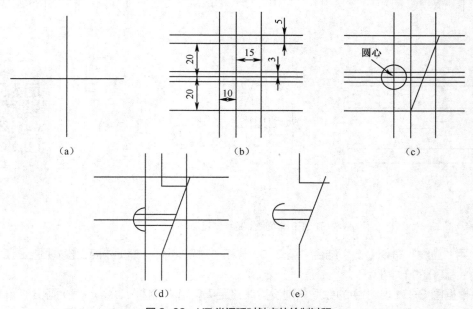

图 3-29　KT 常闭延时触点的绘制过程

（2）KT 的常开延时触点可在其常闭延时触点的图形上修改完成。

① 选中"KT 常闭延时触点"图块，用"分解"命令（📋）使其分解。

② 选中斜线，用"镜像"命令（◿◣），在命令行输入"y"选择删除原对象。

③ 删除闭合线，用"修剪"命令（⊬）剪去多余线段即可完成，其过程如图 3-30 所示，最后将其定义为图块。

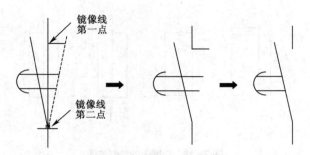

图 3-30　KT 常开延时触点的绘制

7. FR 常闭触点的绘制

FR 常闭触点的绘制过程如图 3-31 所示。

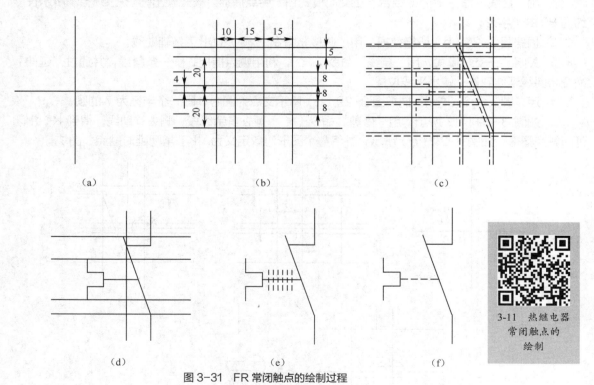

图 3-31　FR 常闭触点的绘制过程

（1）用"直线"命令（╱）结合"正交"模式和"对象捕捉"（捕捉中点）模式画出图 3-31（a）所示长度约为 80 的十字形。

（2）根据图 3-31（b）中的数据分别设置偏移距离，用"偏移"命令（⬄）画出 10 根辅助线。

（3）关闭"正交"模式，用"直线"命令（╱）捕捉两点画一条斜线[见图 3-31（c）]，并通过"延伸"命令将斜线延伸到图 3-31（c）所示最上端水平线位置，图 3-31（c）中的虚线为保留图线。

（4）用"修剪"命令（ ⊁ ）剪去多余线段得到图 3-31（d），删去辅助线后得到图 3-31（e）所示的 FR 常闭触点基本形状。

（5）再次打开"正交"模式，关闭"对象捕捉"模式，使用"直线"命令画出图 3-31（e）中的虚线所示直线，用"修剪"命令修剪相间线段，最后删除上步中画的垂线，即可得到图 3-31（f）所示 FR 常闭触点图形，并将其定义为图块。

在进行控制设计时，要注意提到 FR 触点时，均指常闭触点。因为 FR 是在主电动机过热时，通过其对应的控制电路中的触点动作（即打开）来断开工作回路的，所以电路正常运行时 FR 的触点保持闭合状态。

（四）插入图块

根据电路图要求，在各结构图中调入刚才创建的图块，使用"缩放"功能（ ▥ ）来调整块的大小，用"对象捕捉追踪""对象捕捉"等功能确定插入位置，具体方法在项目二的项目实施中介绍过了，此处不再重复，留给读者练习。完成全部图块摆放后，电路图的绘制基本完成，进入最后的文字处理阶段。

（五）添加文字和注释

将图层切换到"文字层"。这张图纸文字注释由大写字母、数字和汉字注释组成，在前面的两个项目中已经学习过文字的输入，这里再复习一下。

首先是设置文字格式，在"文字处理"工具中单击图标 ✒ |，打开"文字样式"对话框，选择样式为"Standard"，字体为"宋体"，单击"应用"按钮完成设置；然后输入元器件名称、参数等。单击"单行或多行输入"命令，在对应位置上单击鼠标右键确定，然后在命令行输入字符高度为 4，角度默认，输入文字完成后单击"确定"按钮。移动鼠标到另一位置单击，开始另外一行文字的输入。最后退出文本命令，即在空行（无输入状态）情况下按 Enter 键。

文字输入完毕后，用"移动"命令（ ✛ ）调整文字位置，即可完成图 3-1 所示的绘制。

二、电动机顺序控制电路图绘制

建立和前面所讲的电动机启动电路图一样的图层，图层名字也相同。

（一）绘制电路的线路结构图

与直接启动控制线路相比，顺序控制电路稍显复杂一些，我们需要画更多的直线，但大体过程基本相似。首先将图层切换为"线路层"，打开"正交"和"对象捕捉追踪"模式。然后根据电路图，单击"直线"命令（ ╱ ），结合"偏移"命令（ ⚏ ）画出系列水平线和垂直线（主电路和控制电路雏形），以及用以预留元器件位置的辅助水平线；用"矩形"命令（ ▭ ）画出右侧控制电路中代表线圈的两个矩形、左侧主电路中代表 FR 线圈的矩形；最后用"修剪"命令（ ⊁ ）将辅助线之间的多余线段、矩形中的线段去除，再删除所有辅助线，即可得到图 3-32 所示的结构图。

（二）绘制控制元器件

电动机顺序控制电路中所用的元器件如图 3-33 所示，除去第一个图块——断路器 QF 外，其他图块的绘制在前面已经介绍过。若仔细观察断路器 QF 图形，会发现只要在前述的"三相电源开关"图块上稍加改动就可以了，读者可自行练习。下面让我们用另外一种方法——"栅格"和"捕捉"功能来完成断路器 QF 的绘制，注意体会"栅格"和"捕捉"的作用。

107

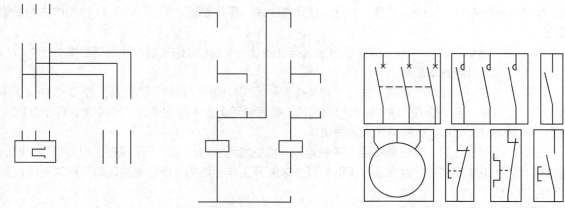

图 3-32　电动机顺序控制电路的线路结构图　　　　图 3-33　各控制元件块和电动机图形块

断路器 QF 的绘制过程如图 3-34 所示。

（1）打开"栅格"模式，在绘图窗口中可以看到点阵的出现，然后再打开"捕捉"模式，用"直线"命令（╱）画 3 条垂线，长 2 格，相距 3 格，如图 3-34（a）所示。

3-12　断路器
QF 的绘制

（2）用"镜像"命令（◢◣），选择图 3-34（b）所示直线为镜像线，得到距离 4 格的另外 3 条直线。

（3）用"直线"命令（╱）画 3 条斜线、一条水平线，得到图 3-34（c）所示的开关形状，再用"修剪"命令（╱）剪去两端多余直线。

（4）关闭"栅格"和"显示捕捉"模式，打开"对象捕捉"模式，用"偏移"命令（⟁）设置偏移量为 2，对左上角垂线作其左侧辅助线一条；通过端点捕捉，用"直线"命令连接下端点；再使用"偏移"命令得到连线上端辅助线，用"直线"命令连接对角，结果如图 3-34（d）所示。

（5）删除辅助线，结果如图 3-34（e）所示。

（6）按照图 3-34（f）所示的提示，利用两次"镜像"命令（◢◣）画出一个交叉。

（7）用"复制"命令（❀），框选交叉为对象，交叉中心为位移基点，捕捉另外两垂线端点进行 2 次复制，并对开关中间直线做虚线处理，得到图 3-34（g）所示的断路器 QF 图形。

这里利用"栅格"及"捕捉"功能，可以很快画出图 3-34（b）所示的等距离、同长度的线段，与使用"直线"命令+"偏移"命令+"镜像"命令或其他命令组合相比，更加直观和简单。

最后的工作是图块的插入和文字的添加，具体操作方法和前述电动机直接启动控制电路图的绘制一样，请读者自行完成，这里不再重复。

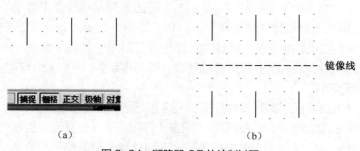

镜像线

（a）　　　　　　　　　　　　　　（b）

图 3-34　断路器 QF 的绘制过程

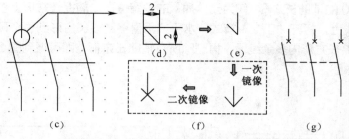

图 3-34　断路器 QF 的绘制过程（续）

三、镗床控制电路图绘制

用前面的方法建立图层，除了默认图层"0"外，其余 3 个图层分别为"标题层"（"A4 简单图幅.dwg"文件已建层）、"线路层"和"文字层"，图层的设置采用默认值。

（一）绘制电路的线路结构图

根据电气原理图布局规则来绘图时，除了要考虑布局合理性外，也要考虑其美观性，即同种元器件在同一图纸中大小一致，不同控制元器件的大小保持一致。这里电路结构的绘制主要是学习如何统一设置对元器件预留位置。考虑到设计图纸图幅 A4 的尺寸以及整个线路的复杂度，确定元器件的预留间隔为 10。

图 3-35 所示的线路结构与图 3-32 所示的相比要复杂得多，但使用的主要命令仍然是"直线""偏移"和"修剪"命令，而且在绘制时要注意线条之间的对称与美观。例如，三相电源线之间的距离、长度一致；变压器原、副边两个回路的间隔、大小一致；控制电路内的 10 个线圈位置、大小一致，放置高度一致；等等。

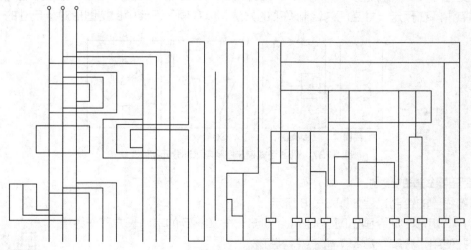

图 3-35　镗床控制电路的线路结构图

将"线路层"设置为当前图层，用"直线"命令（╱）结合"偏移"命令（⌷）（偏移尺寸应比元器件宽度大，这里可以设置为 5～8），画出系列水平线和垂直线，用"矩形"命令（▭）绘制图中 10 个线圈，用"圆"命令（⊘）画出左侧主电路电源进线端标识，即可完成基本结构部分的绘制。下面进行元器件预留位置的处理。

绘制一个 4 × 10 的辅助长方形，作为元件插入的预留位置。捕捉长方形上边中点为基点，移动该长方形到指定直线上。打开"正交"模式，水平或垂直移动该长方形到每个预留点，最后用"修剪"命令（⊣⊢）去除长方形内多余线段，再删除所有辅助长方形，即可得到图 3-36 所示的预留了元件位置的线路结构图。

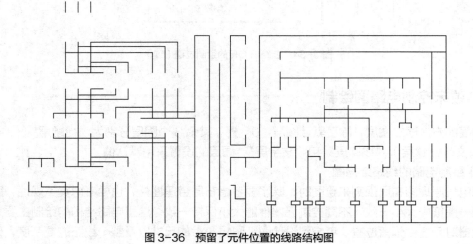

图 3-36　预留了元件位置的线路结构图

（二）绘制控制元器件

根据预留元器件的位置，元器件在绘制时也要保持 10 的高度，宽度设定在 5，因为前面在绘制线路结构时设置的线间隔最小为 5，如果元器件太宽，无法在两条相邻线路上并排放置。

T68 卧式镗床控制电路中大多数元器件的绘制方法在前面的章节中已经讲过，这里只给出新增元器件（见图 3-37）变压器 TC 线圈、速度继电器 KV 触点、限位开关 SQ 触点、信号灯的绘制方法，重点讲解在预定尺寸空间内绘制图形的方法，以在同一设计中保持图形对象尺寸的一致性。

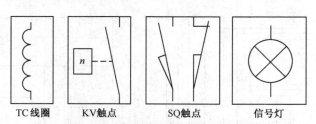

TC 线圈　　KV触点　　　SQ触点　　　信号灯

图 3-37　T68 卧式镗床控制电路部分元器件图块

1. 变压器线圈的绘制

变压器线圈的绘制过程如图 3-38 所示。

（1）用"矩形"命令画出图 3-38（a）所示的 10 × 5 的辅助长方形作为绘图边界，并使用"分解"命令（🔨）将其打散。

（2）对矩形上下两边向内用"偏移"命令（🔁）画两条间隔为 1 的直线，打开"对象捕捉"和"追踪"模式，用"直线"命令（╱）结合中点捕捉画两条短垂线，如图 3-38（b）所示。

（3）参照图 3-38（c），用"偏移"命令（🔁）画 3 条间隔为 2 的水平线。

（4）用"圆弧"命令（⌒），以间隔水平线中点为端点，以圆弧半径 1 画出

3-13　变压器线圈的绘制

圆弧，再用"复制"命令（）或"镜像"命令（）画出另外 3 个圆弧，得到图 3-38（d）。

（5）删除辅助线，就可得到图 3-38（e）所示的变压器线圈图形，也可以作为电感元件，其中圆弧的个数可以调节。

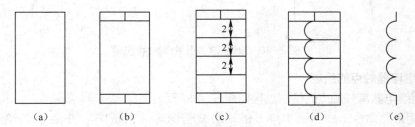

图 3-38　变压器线圈的绘制过程

2．限位开关触点的绘制

（1）限位开关常闭触点的绘制过程如图 3-39 所示。

① 用"矩形"命令（□）画出图 3-39（a）所示 10×5 的辅助长方形作为绘图边界，并使用"分解"命令（□）将其打散。

② 对矩形上下边用"偏移"命令（□）向内画两条间隔为 1 的直线、一条距离左边 1.5 的直线；用"直线"命令（╱）结合端点捕捉画一条斜线并延长与上边界相交，如图 3-39（b）所示。

3-14　限位开关 SQ 常闭触点的绘制　　3-15　限位开关 SQ 常开触点的绘制

③ 捕捉斜线中点画直线垂直于左边界，如图 3-39（c）所示。

④ 根据图 3-39（d），用"修剪"命令（╱）进行修剪，得到限位开关常闭触点的基本图形。

⑤ 删除辅助线，得到图 3-39（e）所示的限位开关常闭触点图形。

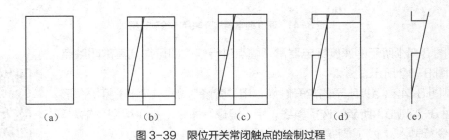

图 3-39　限位开关常闭触点的绘制过程

（2）限位开关常开触点的绘制过程如图 3-40 所示。

① 用"镜像"命令（▲）对图 3-40（a）做镜像，结果如图 3-40（b）所示。

② 参照图 3-40（c），删除多余线段，并用"打断"命令（□）打断直线对象。

③ 参照图 3-40（d），对小三角做镜像处理，选择开关斜线为镜像线。

④ 命令行输入"y"删除原图形，即得到图 3-40（e）所示的限位开关常开触点图形。

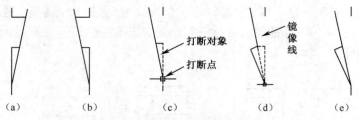

图 3-40 限位开关常开触点的绘制过程

3. 速度继电器触点的绘制

（1）速度继电器常开触点的绘制过程如图 3-41 所示。

① 用"矩形"命令（▭）画 10×5 的辅助长方形作为绘图边界，并使用"分解"命令（🗗）将其打散，结果如图 3-41（a）所示。

② 对矩形上下边用"偏移"命令（⬓）向内画两条与上下边间隔为 1 的直线、一条距离右边界直线 1.5 的直线，如图 3-41（b）所示。

③ 用"直线"命令（╱）结合端点捕捉画一条斜线、结合中点捕捉画一条连接斜线和左侧边界直线，结果如图 3-41（c）所示。

④ 用"矩形"命令（▭）画一个 2×3 的长方形，使用"移动"命令（✛），选中该长方形并以其左边界中点为基点将其移动到 10×5 的辅助长方形左侧边界线中点处，如图 3-41（d）所示。

⑤ 用"修剪"命令（✄）进行修剪得到基本图形，删除辅助线，对开关中间直线做虚线处理，并在矩形内写入字母 n，定义图块，即得到图 3-41（e）所示的速度继电器触点常开触点图形。

3-16 速度继电器 kV 常开触点的绘制

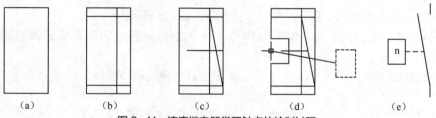

图 3-41 速度继电器常开触点的绘制过程

（2）将图 3-41 所示的速度继电器常开触点进行修改即可得到其常闭触点，修改过程如图 3-42 所示。

① 复制图 3-42（a）所示的常开触点，用"分解"命令（🗗）打散图形。

② 如图 3-42（b）所示，选择斜线，用"镜像"命令（⬙）得到 y 轴对称斜线，在命令行输入"y"删除原斜线。

③ 调用"直线"命令（╱），结合"正交"模式，画一条闭合线、一条辅助线（在闭合线位置附近）、两条短线（完成速度符号框连线），如图 3-42（c）所示。

3-17 速度继电器 kV 常闭触点的绘制

④ 使用"延伸"命令（⊣），单击辅助线并单击鼠标右键确认对象选择，单击斜线为延伸对象，结果如图 3-42（d）所示。

⑤ 删除辅助线，定义图块，得到图 3-42（e）所示的速度继电器常闭触点图形。

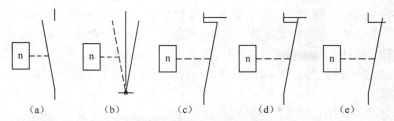

图 3-42　速度继电器常闭触点的绘制过程

4. 信号灯及指示灯的绘制

信号灯和指示灯具有一样的图形符号，其绘制过程如图 3-43 所示。

（1）用"矩形"命令（▭）画出图 3-43（a）所示的 10×5 的辅助长方形作为绘图边界，并使用"分解"命令（▣）将其打散，用"直线"命令（╱）连接左右两边线的中点。

3-18　信号灯的绘制

（2）对上下两条边界线用"偏移"命令（▣），向内得到两条与上下边界线间隔为 2 的直线，如图 3-43（b）所示。

（3）使用"圆"命令（⊘），捕捉交点为圆心，画半径为 3 的圆；使用"直线"命令捕捉圆左交点、垂点向上画切线；继续用"直线"命令捕捉圆心、交点（切线和与上边界间隔为 2 的直线的交点）画出斜线，结果如图 3-43（c）所示。

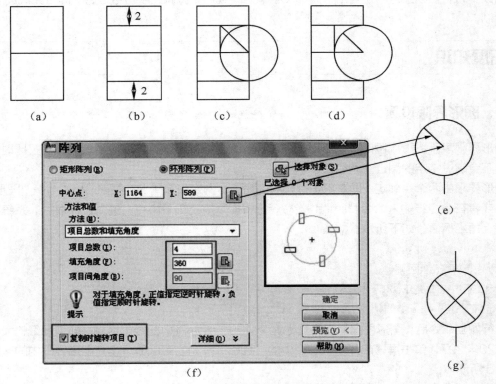

图 3-43　信号灯的绘制过程

（4）用"修剪"命令（ ⊁ ）剪去多余线段，结果图 3-43（d）所示。

（5）如图 3-43（e）所示，删除所有辅助线。

（6）先选中圆内斜线，调用"阵列"命令（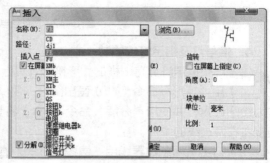），打开"阵列"对话框，如图 3-43（f）所示。点选"环形阵列"单选项，在"项目总数"文本框中输入 4，"填充角度"文本框保持默认的 360°，单击"中心点拾取"按钮，在绘图窗口中捕捉圆心。

（7）单击"确定"按钮，即可得到图 3-43（g）所示的信号灯图形，并将其定义为图块。

（三）插入图块

根据电路图要求，单击"绘图"工具栏中的"插入块"按钮，在图 3-44 所示的"插入"对话框中选取元器件名称依次调入图块。由于元器件图块的尺寸和预留位置的尺寸一致，在插入时使用端点捕捉功能就可以精确插入。对于相同元器件可以复制、插入，对于摆放位置不同的，可在绘图窗口对元器件进行旋转来调整。完成全部图块摆放后，电路图的绘制基本完成，进入最后的文字处理阶段。

图 3-44 "插入"对话框

（四）添加文字和注释

设置"文字层"为当前图层，优先选择元器件左侧正中位置输入各元器件的文字符号，左侧空间不够的，可选择放在其正上方或下方。注意控制电路右下方的继电器线圈的文字符号一律放在底部回路线下方，各线圈对中位置上。全部文字输入完成后，微调文字符号位置，即可完成图 3-3 所示的绘制。

拓展知识

一、图形界限设置

图形界限表示图形周围的一条不可见的边界。设置图形界限可确保以特定的比例打印时，创建的图形不会超过特定的图纸空间的大小。

图形界限由两个点确定，即左下角点和右上角点。例如，选择下拉菜单"格式"→"图形界限"命令，或者在命令行输入命令"limits"，命令行将提示指定左下角点，输入坐标值后，系统将提示输入右上角坐标值，如下所示。

```
命令: _limits
重新设置模型空间界限:
指定左下角点或 [开(ON)/关(OFF)] <0.0000,0.0000>: 0,0
指定右上角点 <420.0000,297.0000>: 420,297
```

执行如上命令后，图形界限将被设置为宽为 420、高为 297 的矩形区域，即该图纸的大小被设置为 420×297，单击屏幕底部的状态栏中的"栅格"按钮，可以显示设置图形界限内的区域，如图 3-45 所示。

其中的"开"表示打开图形界限检查。当界限检查打开时，AutoCAD 将会拒绝输入位于图形界限外部的点。"关"表示关闭图形界限检查，这是默认设置，在这种情况下，绘图操作不受界限限制。

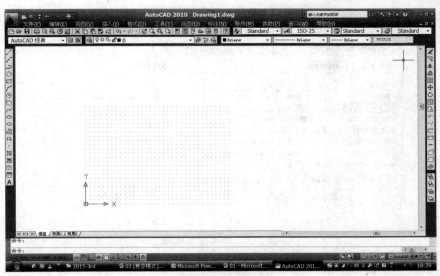

图 3-45 图形界限显示

二、线型比例设置

对于非连续性线型（如虚线、点画线、双点画线等），由于受图形尺寸的影响比较大，图形的尺寸不同，在图形中绘制的非连续性线型也将不同，因此可以通过设置线型比例来改变非连续性线型的外观。

选择下拉菜单"格式"→"线型"命令，系统将弹出图 3-46 所示的"线型管理器"对话框，可从中设置图形中的线型比例。

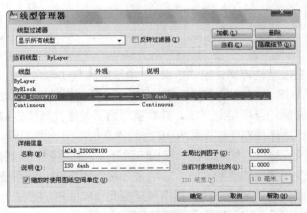

图 3-46 "线型管理器"对话框

在对话框的"线型过滤器"下拉列表中选择"显示所有线型"，然后在"线型"列表中选择某线型后，可单击"显示细节"按钮（单击后，原处的"显示细节"按钮变为"隐藏细节"按钮，见图 3-46），即可在展开的"详细信息"选项组中设置线型的"全局比例因子"和"当前对象缩放比例"，其中的"全局比例因子"用于设置图形中所有对象的线型比例，"当前对象缩放比例"用于设置新建对象的线型比例。新建对象最终的线型比例将是全局比例和当前缩放比例的乘积。

例如，单击"加载"按钮打开图 3-47（a）所示的"加载或重载线型"对话框，选择

"ACAD-IS002W100"线型，在修改全局比例因子前和修改后画出的直线如图 3-47（b）所示。

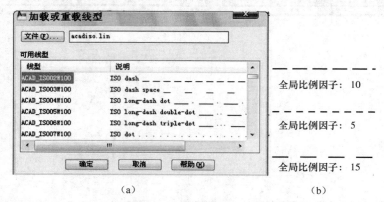

图 3-47 修改线型比例

"线型管理器"对话框中其他选项和按钮功能如下。

（1）线型过滤器下拉列表框：确定在线型列表中显示哪些线型。

（2）加载(L)...按钮：单击该按钮，系统将弹出"加载或重载线型"对话框，利用该对话框可以加载其他线型。

（3）删除按钮：单击该按钮，可去除在"线型"列表中选中的线型。

（4）当前(C)按钮：单击该按钮，可将选中的线型设置为当前线型。可以将当前线型设置为ByLayer（随层），即采用为图层设置的线型来绘制图形对象；也可选择其他线型作为当前线型来绘制对象。

（5）显示细节(D)或隐藏细节(D)按钮：单击该按钮，可显示或隐藏"线型管理器"对话框中的"详细信息"选项组。

小结

本项目通过电动机直接启动电路，电动机星-三角形降压启动电路，电动机正、反转控制电路，电动机顺序控制电路和 T68 卧式镗床控制电路的分析，介绍了继电器-接触器电路图的相关识读知识，同时给出了电气图图幅的详细绘制方法，并着重介绍了栅格及其捕捉功能的应用。通过电动机直接启动电路图、电动机顺序控制电路图和 T68 卧式镗床控制电路图的具体绘制，介绍了继电器-接触器电路图常用设备及元器件，如电动机、三相电源开关、断路器、接触器、熔断器、限位开关、各类继电器、信号灯、变压器等的绘制方法。总结了 3 种绘图方法：利用栅格及捕捉功能绘制图形对象的方法、利用辅助线快速绘图的方法、根据预定空间绘制图形的方法。最后，在拓展知识中对如何设定图形的界限、如何设置线型的比例进行了简要讲解。

自测题

一、简答题

1. 继电器-接触器电路图主要包含几部分？

2. 在图 3-16 所示电动机正、反转控制电路中，如果同时按下 SB2 和 SB3，电动机处于何种状态？

3. 在绘制电路图时为何要分层？

4. 栅格有何作用？

5. 如何设置栅格显示？如何打开并捕捉栅格？

6. 绘图区域大小如何设置？

7. "对象捕捉"和"捕捉"模式有何区别？各自的作用是什么？

8. AutoCAD 提供多种打断命令，请说明"打断"命令（ ⬚ ）和"打断于点"命令（ ⬚ ）的区别。可以用"打断"命令实现"打断于点"的功能吗？

二、填空题

1. 栅格在打开并显示后是_____（可以/不可以）打印的。

2. 栅格间距和捕捉间距在设置时的数值_____（允许/不允许）不相同。

3. 打开图形界限检查后_____（能/不能）在界限区域外绘制图形对象。

4. 遍布绘图区域的点或线的矩阵用以直观表示对象间距的是_____。

5. 一条控制电路中如果某继电器线圈为 KM1，则对应的常开触点文字符号为_____。

6. 继电器和接触器对应的触点在绘制时应该绘制_____状态。

7. AutoCAD 中如果要对线型及其比例进行修改，应该打开_____来设置。

8. 块建立后是否能够分解取决于_____。

9. 绘制图幅时，要注意是否需要_____，因为会影响内框尺寸。

10. 如果要使用图形界限，首先要设置_____，然后必须打开_____。

三、实做题

1. 绘制具有图 3-48 所示标题栏的 A4 图幅。

（设计单位名称）		使用单位	
设计		组长	（图名）
校对		审核	
制图		批准	图号
日期		比例	

图 3-48　标题栏

2. 创建图 3-49 所示的元器件图块。

三相绕线式　　　复合按钮　　　欠电压　　　过电流　　　常闭延时　　　常开延时
异步电动机　　　　　　　　　继电器线圈　继电器线圈　闭合触点　　打开触点

图 3-49　元器件图块

3. 完成图 3-15 所示的绘制任务，注意图层的应用。

4. 用 A4 的图幅绘制图 3-50 所示的桥式起重机控制电路图。

四、思考题

本项目大家学习的是典型的继电器控制原理图绘制，这些图纸来源于相关课程与实际控制案例，这项技能在许多课程中都有应用。请大家具体指出有哪些课程会应用到？如何提高自己识图与绘图的能力为国家的各项建设添砖加瓦？

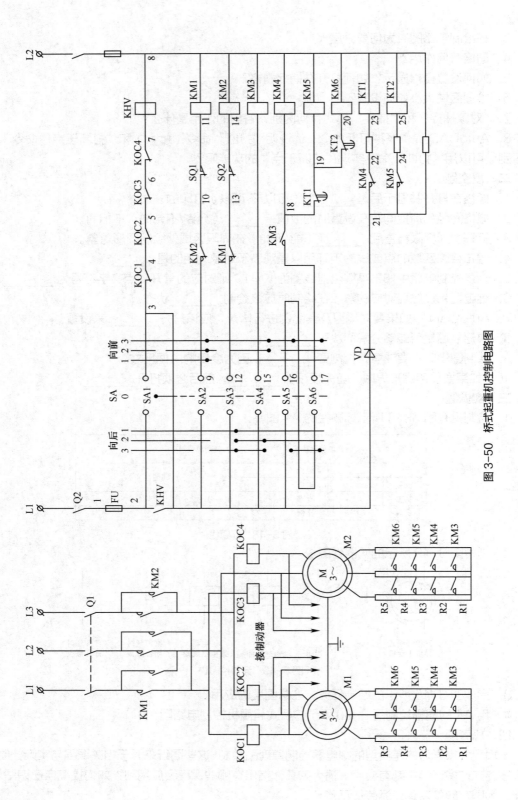

图 3-50 桥式起重机控制电路图

项目四

电气接线图的绘制与识图

04

【能力目标】

掌握供配电系统常用元器件的绘制方法，熟悉电气接线图的布局与绘图规划，掌握直线绘制表格的方法，并具备接线图绘制和识图能力。

【知识目标】

1. 了解电气接线图的特点。
2. 掌握电气接线图的布局与规划。
3. 熟悉电气接线图项目、端子及导线的表示方法。
4. 掌握供配电系统常用元器件的绘制。
5. 掌握有装订线的 A3 图幅的画法。
6. 掌握表格的设计与绘制方法。
7. 了解 AutoCAD 系统表格的添加方法。

【素质目标】

培养全局观念和大局意识。

项目导入

电气接线图是电气工程图中重要的一部分，本项目通过 3 个电力工程供配电系统的典型接线图：10kV 低压配电系统主接线图（见图 4-1）、10kV 变电站主接线图（见图 4-2）、动力配电柜电气接线图（见图 4-3），介绍识读供配电系统接线图的基本知识，并讲解绘制该类接线图的方法。本项目要求运用绘图工具，根据接线图的特点合理分布和绘制接线图，合理设计表格，并通过绘图形成供配电系统接线图的概念。

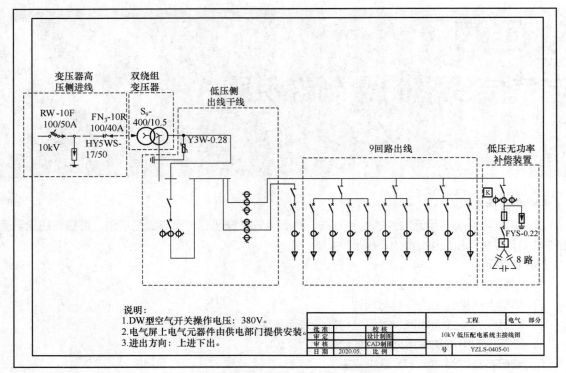

图 4-1　10kV 低压配电系统主接线图

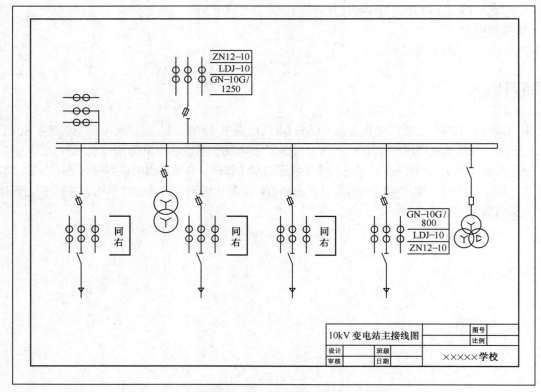

图 4-2　10kV 变电站主接线图

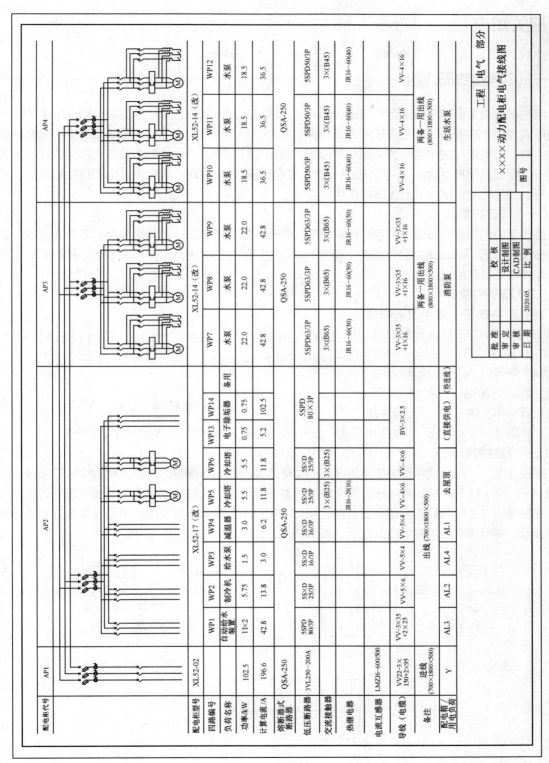

配电柜代号	AP1	AP2							AP3			AP4		
配电柜型号	XL52-02	XL52-17 (改)							XL52-14 (改)			XL52-14 (改)		
回路编号	WP1	WP2	WP3	WP4	WP5	WP6	WP13	WP14	WP7	WP8	WP9	WP10	WP11	WP12
负荷名称	自动给水装置	制冷机	给水泵	减温器	冷却塔	冷却塔	电子除垢器	备用	水泵	水泵	水泵	水泵	水泵	水泵
功率/kW	11×2	5.75	1.5	3.0	5.5	5.5	0.75	0.75	22.0	22.0	22.0	18.5	18.5	18.5
计算电流/A	42.8	13.8	3.0	6.2	11.8	11.8	5.2	102.5	42.8	42.8	42.8	36.5	36.5	36.5
熔断器式断路器	QSA-250	QSA-250							QSA-250			QSA-250		
低压断路器	3VL250-200A	5SPD80/3P	5S×D25/3P	5S×D16/3P	5S×D16/3P	5S×D25/3P	5S×D25/3P	5SPD80×3P	5SPD63/3P	5SPD63/3P	5SPD63/3P	5SPD50/3P	5SPD50/3P	5SPD50/3P
交流接触器					3×(B25)	3×(B25)			3×(B65)	3×(B65)	3×(B65)	3×(B45)	3×(B45)	3×(B45)
热继电器					JR16-20(16)	JR16-20(16)			JR16-60(50)	JR16-60(50)	JR16-60(50)	JR16-60(40)	JR16-60(40)	JR16-60(40)
电流互感器	LMZ16-600/500													
导线 (电缆)	VV22-3×150+2×95	VV-5×6	VV-5×4	VV-5×4	VV-4×6	VV-4×6	BV-3×2.5		VV-3×35+1×16	VV-3×35+1×16	VV-3×35+1×16	VV-4×16	VV-4×16	VV-4×16
备注	进线 (700×1800×500)	出线 (700×1800×500)		AL2	AL1		(直接供电)	(特连线)	两备一用出线 (1800×500)			两备一用出线 (1800×500)		
配电箱/用电负荷	Y	AL3			AL4		去屋顶		消防泵			生活水泵		

图 4-3 动力配电柜电气接线图

工程	电气	部分
××××动力配电柜电气接线图		
图号		

批准		校核	
审定		设计制图	
审核		CAD制图	
日期	2020.05.	比例	

////// 相关知识

一、电气接线图介绍

电气接线图主要用于表示电气装置内部元件、线路之间及其外部其他装置之间的连接关系的一种简图或表格，在安装时为工程技术人员提供接线的依据，运行中为工作人员线路维护、维修提供端接信息。电气接线图中各元器件的相对位置、端子的排列顺序、导线的敷设方式和部位等均与实际相符，但其几何尺寸大小、间距则是任意的，故接线图及接线表一般要表示出项目相对位置、项目代号、端子代号、接线号及线缆规格等内容。

（一）项目的表示

接线图中的部件或设备等项目一般采用简化外形，如矩形、正方形等来表示，项目的类型、参数等标注在附近；接线图中的元器件，如电阻器、变压器等则采用图形符号来表示，其对应的文字符号和参数标注在附近。

（二）端子的表示

接线图中端子一般用图形符号表示，并在其旁边标注端子代号（1、2、3、…或 A、B、C…）。不可拆卸的端子符号为"○"，如图 4-4（a）所示，而可拆卸端子符号为"⌀"；一般元器件不画端子符号，可标注端

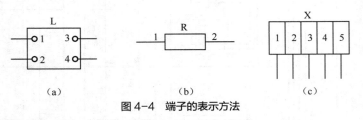

图 4-4　端子的表示方法

子号，如图 4-4（b）所示；端子排采用一般符号，仅标注端子号，如图 4-4（c）所示。

（三）导线的表示

在接线图中，可用连续线来表示端子间的实际连接导线，相连接的两端采用相同标记来标注，如图 4-5（a）所示；有时连接线过多会令接线图不易识别，这时可以采用中断线来表示端子间的实际连接导线，在中断处需标明导线去向，如图 4-5（b）所示；导线组、电缆线束可以用加粗的实线表示，多组线束应用符号加以区分，如图 4-5（c）所示。

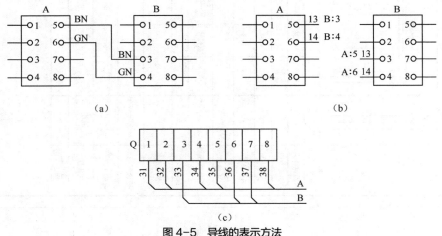

图 4-5　导线的表示方法

二、电气接线图实例识图

不同电气系统的接线图表现形式不同。例如，PLC 控制系统的电气接线图主要显示的是系统中 PLC 模块之间、PLC 输入/输出端子与各类传感器、控制电器、执行机构（主要是电动机）等之间的电气接线关系，如项目六中的图 6-13（洗车机 PLC 输入/输出分配图）和图 6-16（洗车机电气接线图）；电力系统的电气接线图主要显示该系统中发电机、变压器、母线、断路器、电力线路等主要电动机、电器、线路之间的电气接线关系。本项目中就以电力系统中的 3 个典型电气接线图为例来进行讲解。

在绘制电力系统电气主接线图时，通常将三相电路图描绘成单线图，将互感器、避雷器、电容器、中性点设备以及载波通信用的通道加工元件等表示出来。

（一）低压配电系统主接线图识图

配电系统的功能是接收电能和分配电能，其主接线包括电源进线、母线和出线 3 大部分。电源进线分为单进线（适用于三级负荷）和双进线（适用于一、二级负荷），是接收电能的部分；母线也称为汇流排，一般由铝排或铜排构成，分为单母线（对应于单进线）、单母线分段式和双母线（均对应于双进线）；出线端则通过开关柜和输电线路对电能进行分配。

图 4-1 所示为一低压配电系统主接线图。进线端为 10kV 架空进线，经过一把刀熔开关通过电缆接入变压器的高压侧。变压器为型号 S_9 系列三相铜绕组变压器，容量为 400kV·A，高压侧电压为 10kV，低压侧电压为 0.4kV，绕组接线组别为 Y，y_N0。在高压侧设置了避雷器，防止雷电波侵入过电压；低压侧出线干线上设置了电流互感器，经过一段母线后分为两支出线：一支出线仅带一个回路，另一支出线带 9 个回路，每回出线上设置了电流互感器；在 9 支出线回路的配电线路上设置了低压无功补偿装置。

（二）某变电站主接线图识图

变电站的功能是变换电压和分配电能，其主接线由电源进线、电力变压器、母线和出线 4 部分组成。电源进线负责接收电能；电力变压器起到电压等级变换的作用；母线是汇集、分配和传送电能的介质；出线的作用是将电能分配到各干线。

图 4-2 所示为某变电站主接线图。该图说明了变电站的电气主接线，是高压电气设备通过连接图组成的接收和分配电能的电路，又称一次接线或电气主系统。该图不仅标明了各个主要设备的规格和数量，而且还反映了各个部分的关系及作用。

（三）动力配电柜电气接线图识图

配电柜是集成用于电能分配的电气元件的设备，其通过电气接线对用电设备进行配电和控制，并在电路过载、短路和漏电时，提供断电保护。在供电系统中，配电设备通常有 3 个级别：一级配电设备称为动力配电中心，集中安装在某区域变电站内，把电能分配给不同地点的下级配电设备；二级配电设备是动力配电柜和电动机控制中心的统称，负责把上一级配电设备电能分配给就近的负荷，并对负荷提供保护、监视和控制，其中动力配电柜应用在回路少、负荷分散的部位，而电动机控制中心应用于回路多、负荷集中的部位；末级配电设备总称为照明动力配电箱，一般远离供电中心，布置分散且容量小，负责控制最低级的负荷配电。

图 4-3 所示为某空调房/水泵房动力配电柜电气接线图，属于二级配电设备。该图主进线为一回三相低压动力线，在进线配电柜 AP1 中，出线共有 13 回：配电柜 AP2 中有 7 回，分别是自动给水装置、制冷机、给水泵、减温器、冷却塔（两回）、电子除垢器；配电柜 AP3 中有 3 回消防用

水泵（含一备用回路）；AP4 配电柜中有 3 回生活用水泵（含一备用回路）。接线图下部是与各回路对应的设备等说明表格，共有 13 项，分别是配电柜型号、四路编号、负荷名称、功率、计算电流、熔断器式断路器（型号）、低压断路器（型号）、交流接触器（型号）、热继电器（型号）、导线（电缆）规格、电流互感器（型号）、（回路）备注、配电箱/用电负荷。

项目实施

从图 4-1～图 4-3 可以看出电气接线图主要提供的是电气系统的线路走向、能量流向、设备连接、设备/元器件型号、线路功能等系统信息，布局讲究均匀和对称，重复图块较多，因此该类图纸的绘制过程中使用最多的是复制、偏移、缩放工具，并结合"对象追踪""正交"模式来保证线路的对称和均匀。下面将展开介绍这 3 张接线图的具体绘制方法与过程。

一、低压配电系统主接线图绘制

打开新文件，保存为"配电系统主接线图.dwg"。

（一）设置图层

选择下拉菜单"格式"→"图层"命令，新建"文字层"和"绘图层"，将"文字层"设为蓝色，以便在整图中辨识图层信息，其他采用默认设置。"0"图层用来绘制图幅，"绘图层"用来绘制接线图，"文字层"用来加入说明、标注文字。其图层特性管理器如图 4-6 所示。

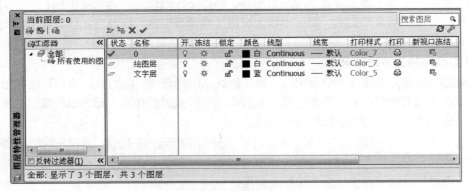

图 4-6　图层设置

（二）绘制 A3 图幅

将"0"图层设置为当前图层，按"绪论"电气图规范中图幅尺寸的规定，用项目三所讲的方法绘制 A3 规格（420×297）图框，标题栏采用图 4-7 所示的格式，包含批准、审定、审核、日期、校核、设计制图、CAD 制图、比例、工程、图号、标题内容。绘制完的 A3 图幅如图 4-3 所示。

				工程	电气　部分
批准		校核			
审定		设计制图		10kV 低压配电系统主接线图	
审核		CAD 制图			
日期		比例		图号	YZLS-0405-01

图 4-7　标题栏格式

（三）绘制元器件图块

在该图的绘制过程中，主要应用到断路器、隔离开关、电流互感器、阀型避雷器、双绕组变压器、电缆头等基本元器件，如图4-8所示。前两项的图形在项目三中已经讲过，现给出其他4个元器件的绘制方法。

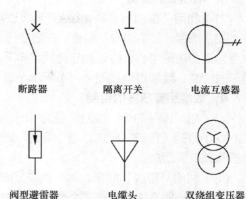

图4-8　配电系统主接线图的基本元器件

1. 电流互感器的绘制

（1）利用"圆"命令，绘制半径为8的圆。

（2）打开"对象捕捉"功能（设置象限点捕捉），使用"直线"命令，第一点捕捉圆右侧象限点，输入"@8<0"，绘制出长为8的水平线段。

（3）继续"直线"命令，第一点捕捉直线中点，在命令行输入"@2<70"，绘制一条短斜线。

（4）复制该条短斜线，并单击斜线上端，捕捉端点完成第二根斜线的摆放。

（5）利用"合并"命令（ ↦ ），分别单击两根短斜线，将它们合并为一根斜线。

（6）利用"复制"命令（ ⌘ ），单击斜线，在命令行输入"d"，然后输入"@2<0"，即可复制一条间距为2的平行斜线。

（7）按F11或单击状态栏中的"对象捕捉"按钮 ∠ ，打开"对象捕捉"模式，然后使用"直线"命令，光标捕捉象限点并向上移动到距离7左右处单击确定第一点。

（8）光标向下移动经过下象限点在大约距离7处单击确定，完成长贯穿直线输入，绘制过程如图4-9所示，最后将其保存为图块。

4-1　电流互感器的绘制

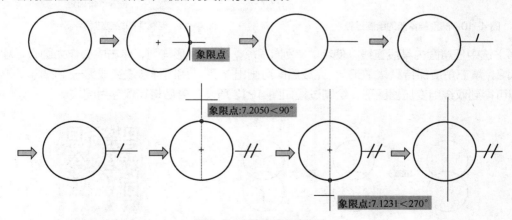

图4-9　电流互感器的绘制

2. 阀型避雷器的绘制

（1）使用"矩形"命令，绘制一个5×13的矩形。

（2）使用"直线"命令，结合"对象捕捉"功能，捕捉中点，画出两端直线。

（3）选择"多段线"命令，单击矩形中直线下端，选定为第一点，在命令行输入"w"，指定输入2为起始宽度，0为结束宽度，移动光标到合适位置单击确认，即可完成阀型避雷器图形的绘制，绘制过程如图4-10所示，最后将其保存为图块。

4-2　阀型避雷器的绘制

125

3. 电缆头的绘制

（1）利用"直线"命令，绘制一根长为15的垂线。

（2）选择"正多边形"命令，在命令行输入3画出一个正三角形，指定直线中点为正多边形中心，移动光标使顶点向下，到合适位置单击，即可完成电缆头图形的绘制，绘制过程如图4-11所示，最后将其保存为图块。

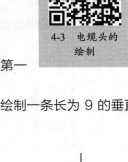

4-3 电缆头的绘制

4. 双绕组变压器的绘制

（1）用"圆"命令，绘制半径为15的圆。

（2）打开"正交"模式，用"复制"命令，并单击圆心，将复制的圆与第一个圆垂直交叉摆放。

（3）利用"直线"命令，第一点捕捉圆心，命令行输入"@9<-90"，绘制一条长为9的垂直线段，用同样的方法绘制第二个圆内长度为9的直线。

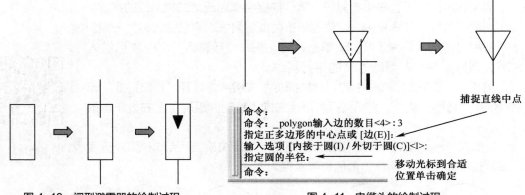

图4-10 阀型避雷器的绘制过程　　　　图4-11 电缆头的绘制过程

（4）选中任意圆内某段直线，使用"阵列"命令，选中环形阵列，单击中心作为圆心，项目总数输入3，填充角度保持默认360°，完成后即可画出Y形，用同样方法完成另一个圆内Y形的绘制，即可得到双绕组变压器图形，绘制过程如图4-12所示，最后将其保存为图块。

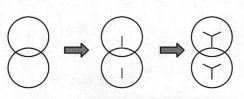

图4-12 双绕组变压器的绘制过程

4-4 双绕组变压器的绘制

（四）绘制电气主接线图

1. 绘制变压器高压侧进线图

（1）用"直线"命令结合"正交""对象捕捉"模式（中点捕捉）画一个长约为70、宽约为15的丁字形电缆架空干线进线，如图4-13所示。

（2）使用两次"打断"命令将水平直线打断成4段，再用"圆"命令分别选取4个打断点为圆心，绘制4个半径为0.6的圆，然后用"修剪"命令剪去各圆内线段（见图4-14），得到4个空心圆；捕捉T形交点绘制一个半径为0.4的圆。

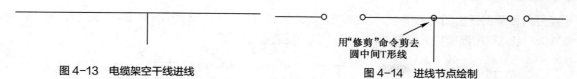

图 4-13　电缆架空干线进线

用"修剪"命令剪去
圆中间T形线

图 4-14　进线节点绘制

（3）用"修剪"命令剪去半径 0.4 的圆内线段，选中中间的两条线段，打开"特性"对话框，将线型设置成"虚线型"，以表示较长电缆线路。在虚线第一段位置用"正多边形"命令绘制一个三角形，关闭"对象捕捉"模式，使用"直线"命令通过"对象捕捉追踪"在电缆右端外绘制一条直线，再对三角形使用"复制"命令得到第二个三角形，通过"旋转"命令和"移动"命令调整第二个三角形位置，绘制结果如图 4-15 所示。

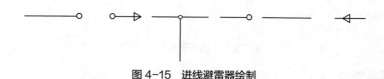

图 4-15　进线避雷器绘制

（4）打开"对象捕捉"模式，结合象限捕捉，用"窗口缩放"命令放大干线右侧部分图形，再用"矩形"命令画一个矩形，短边与两个圆的左右象限点相切；使用"直线"命令，分别捕捉圆的下象限点，在两个圆之间画一条直线。用"窗口缩放"命令放大干线左侧部分图形，使用"直线"命令，单击圆左象限点，将其作为直线第一点，然后输入"@9.5<150"绘制一条倾斜 30° 的直线；使用"矩形"命令再画一个矩形，旋转 150°，用"移动"命令将矩形斜线移动到斜线上，移动并单击矩形短边中点，第二点单击斜线上适当位置，即可绘制出刀熔开关图形。在刀熔开关右上侧一段位置上，调用"直线"命令，绘制一条到矩形的垂直短线，接着使用"多段线"命令，画一个与矩形垂直的三角形箭头，箭头部分起始宽度设定为 1.5，最终宽度设为 0，绘制结果如图 4-16 所示。

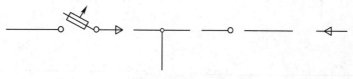

图 4-16　进线刀熔开关绘制

（5）捕捉图 4-16 中垂线下端点，插入绘制好的避雷器，使用"直线"命令，画一条长度适中的水平线，用"移动"命令，并单击该水平线中点作为第一点，第二点单击避雷器下端点，并打开该水平线的"特性"对话框，将线型宽度设定为 0.4。用"偏移"命令，向下依次偏移 1 距离，得到另外两条平行线。使用"缩放"命令对这两条平行线进行 0.5 和 0.25 缩放的操作，注意基点要选操作水平线中点。然后在右侧小圆点处使用"直线"命令，绘制户外高压负荷开关。绘制结果如图 4-17 所示。

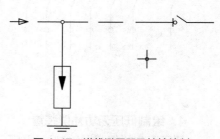

图 4-17　进线避雷器及接地绘制

2. 绘制变压器低压侧出线干线部分

（1）接着高压侧进线图之后，插入双绕组变压器图块，在变压器低压输出侧开始绘制出线干线。

（2）用"直线"命令绘制图 4-18（a）所示的出线框架；在图 4-18（b）所示位置依次插入

断路开关和隔离开关图块各一个，注意调整图块大小，以适应框架大小；如图 4-18（c）所示，插入 10 个电流互感器图块，调整图块大小，移入框架相应位置。

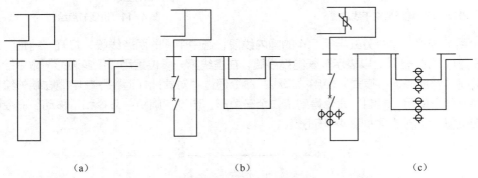

（a）　　　　　　　　　　（b）　　　　　　　　　　（c）

图 4-18　低压侧出线干线部分的绘制过程

3. 绘制出线端部分

（1）接着出线干线继续水平延伸，开始绘制出线回路部分。

（2）使用"直线"命令绘制图 4-19（a）所示出线端线路框架；如图 4-19（b）所示，复制 4 个隔离开关插入到 4 条出线端；复制 9 个断路开关插入到 9 条出线端相应位置；复制 10 个电流互感器图块，插入到图 4-19（c）所示的 10 条出线端下部相应位置；在 10 个出线端端点（应用端点捕捉）处插入 10 个保护接地图块。绘制结果如图 4-19（d）所示。

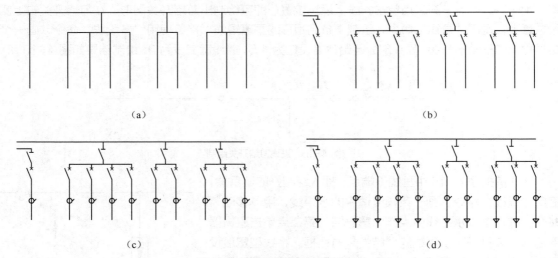

（a）　　　　　　　　　　　　　　　　　（b）

（c）　　　　　　　　　　　　　　　　　（d）

图 4-19　出线端部分的绘制过程

4. 绘制低压无功补偿装置

低压无功补偿装置绘制过程如图 4-20 所示。

（1）用"直线"命令和"正多边形"命令绘制补偿装置的线路框架，如图 4-20（a）所示。

（2）如图 4-20（b）所示，插入前面绘制的隔离开关、接触器主触点图块各一个，并调整大小，将这两个图块插入到框架相应位置中。

（3）使用"复制"命令（参数选 m），复制前面所绘制的 3 个电流互感器图块，插入到框架相应位置中，再插入熔断器图块后得到图 4-20（c）。

（4）插入避雷器图块，如图 4-20（d）所示。

（5）如图 4-20（e）所示，插入项目三中绘制的热继电器线圈图块，调整大小后放入框架相应位置。

（6）在正三角各边的中点处绘制电容。

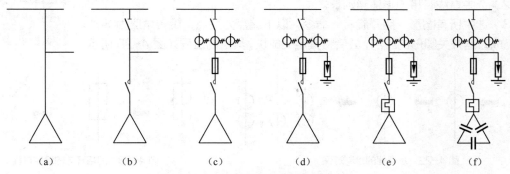

（a）　　（b）　　（c）　　（d）　　（e）　　（f）

图 4-20　低压无功补偿装置的绘制过程

二、变电站主接线图绘制

（一）建立图形文件及其图层

打开 AutoCAD 2010 应用程序，调入前面绘制的 A4 图幅，另存为"某 10kV 变电站主接线图.dwg"并保存。打开"图层特性管理器"对话框，按照图 4-21 所示新建图层，其中"线路层"用来绘制线路，"元器件层"用来绘制元器件图块，"变压器层"用来绘制变压器图块，"文字层"用来绘制说明表格及文字。

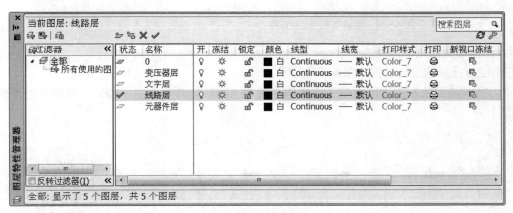

图 4-21　图层设置

（二）绘制元器件图块

1. 互感器的绘制

（1）用"直线"命令绘制一条长约 40 的直线。

（2）用"圆"命令绘制一个半径为 3.75 的圆，圆心在直线中点偏上位置；打开"正交"模式，复制圆到直线下部适当位置。

（3）用"偏移"命令对全部图形进行相距 14 的右侧偏移操作，即可完成互

4-5　互感器的绘制

感器图形的绘制，最后定义该图块。

其绘制过程如图 4-22 所示。

2. 刀熔开关的绘制

（1）插入项目三中的熔断器图形，用"分解"命令对其进行分解。

（2）选中直线，将下端适当延长。

（3）选中所有图形，用"旋转"命令，以下端点为基点，旋转角度为 30°，即可完成刀熔开关图形的绘制，最后将其定义成块，其绘制过程如图 4-23 所示。

4-6　刀熔开关的绘制

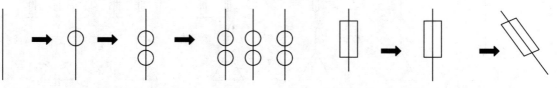

图 4-22　互感器的绘制过程　　　　图 4-23　刀熔开关的绘制过程

3. 熔断电阻的绘制

（1）插入项目三中的熔断器图形，用"分解"命令对其进行分解。

（2）打开最近点捕捉，在矩形内绘制一条短线，使用"修剪"命令剪去下方线段，即可完成熔断电阻图形的绘制，并将其定义为块，其绘制过程如图 4-24 所示。

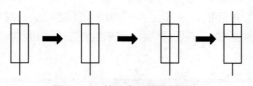

图 4-24　熔断电阻的绘制过程

4-7　熔断电阻的绘制

4. 三绕组变压器的绘制

三绕组变压器的绘制过程如图 4-25 所示。

（1）插入前面绘制的双绕组变压器图块，使用"旋转"命令，以下圆的下象限点为基点，旋转-30°。

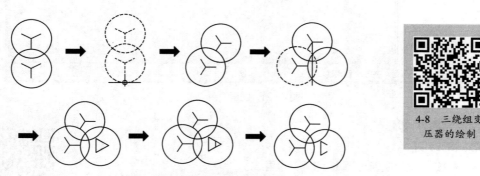

图 4-25　三绕组变压器的绘制过程

（2）选中下圆，使用"镜像"命令，打开"正交"模式，单击中上圆的圆心作为镜像第一点，第二点在下方任意位置单击，即可得到第三绕组图形。

（3）使用"正多边形"命令，输入 3 绘制一个正三角形，单击第三个圆的圆心，移动鼠标以确定三角形的适合大小，用"直线"命令连接三角形两边中点。

（4）使用"修剪"命令，用短直线剪去三角形右顶点，然后再删除该短直线，即可得到三绕组变压器的图形，最后将其定义为块。

（三）绘制主接线图

（1）将"线路层"设为当前图层。在图纸水平中线位置附近，绘制一条水平线（长度应在图框内框附近），偏移 4.5 得到另外一条直线，将两条线右端端点直线连接得到母线，如图 4-26 所示。

图 4-26　母线的绘制

（2）在母线上左端插入互感器组图块，在"插入"对话框中设置旋转角度为 90°；捕捉第二个互感器右端点，画垂线与母线相交，如图 4-27 所示。

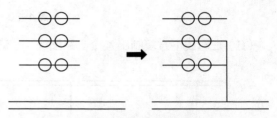

图 4-27　母线互感器组绘制

（3）在图 4-27 所示的互感器组右边再插入互感器组图块，使用"直线"命令，加长中间直线下端，并插入刀熔开关图块，得到图 4-28（a）；用"镜像"命令调整图形方向得到图 4-28（b）；单击"移动"命令，捕捉刀熔开关上端点，将刀熔开关移到图 4-28（c）所示位置；打开"对象追踪"模式画一条垂直母线的直线，并在附近画一短直线，捕捉短线中点作基点，移动到直线端点，如图 4-28（d）所示。

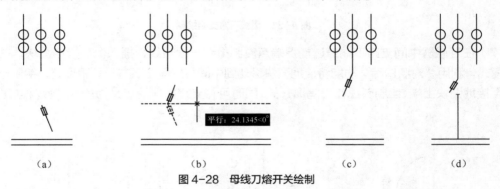

（a）　　　　　　　　（b）　　　　　　　　（c）　　　　　　　　（d）

图 4-28　母线刀熔开关绘制

（4）完成的母线上半部分接线图，如图 4-29 所示。下面继续母线下半部分的绘制。

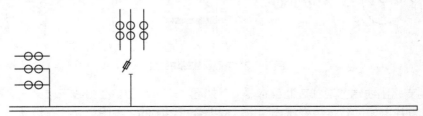

图 4-29　母线上半部分接线图

（5）选择母线上方第二个图形的全部对象，用"镜像"命令得到 x 轴的对称图形，创建为支路图块，如图 4-30 所示。

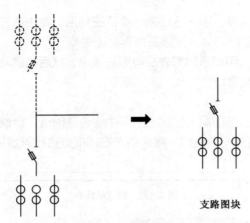

图 4-30　创建支路图块

（6）在母线下方复制出 4 个支路图块，移动分布到母线下方，如图 4-31 所示。

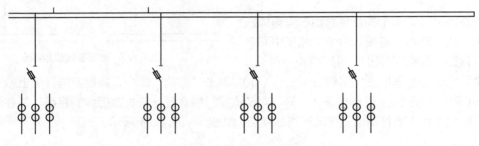

图 4-31　母线下方支路绘制

（7）在互感器中间支路下端通过捕捉端点复制得到一根短线；插入保护接地图块，关闭"正交"模式，利用"对象追踪"功能将接地图块移动到中间互感器正下方一段距离处；绘制一根直线加长至接地图块上端；绘制斜线作为隔离开关；同时可将支路出线端定义为块。绘制过程如图 4-32 所示。

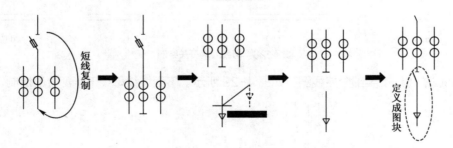

图 4-32　支路出线端块的绘制

（8）复制支路出线端图块到其他互感器下，如图 4-33 所示。在母线下方第一、第二个互感器块中间插入前面绘制好的双绕组变压器图块；捕捉变压器圆的上象限点，插入熔断刀开关图块；调用"直线"命令，利用"对象追踪"功能在端点正上方确定第一点位置；画一条垂直母线的直线；复制短横线到直线下端，完成母线下方双绕组变压器部分的绘制。绘制过程如图 4-34 所示。

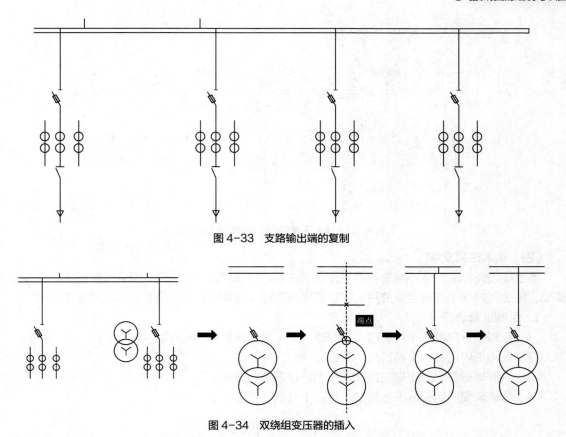

图 4-33　支路输出端的复制

图 4-34　双绕组变压器的插入

（9）在母线下方最右端插入前面绘制好的三绕组变压器图块；捕捉三绕组变压器圆的上象限点，插入熔断器图块；调用"直线"命令，利用"对象追踪"功能画一条到母线的垂线，并复制短横线到直线下端；绘制斜线作为隔离开关线，即可完成母线下方三绕组变压器部分的绘制，如图 4-35 所示。

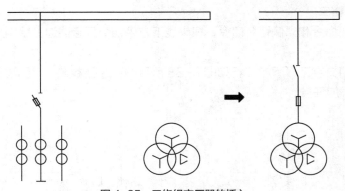

图 4-35　三绕组变压器的插入

到这里变电站的主接线图基本已经完成，结果如图 4-36 所示，最后的工作是文字注释。

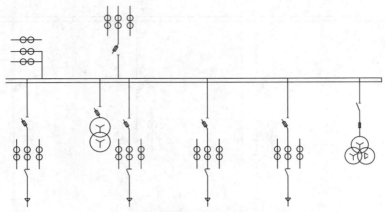

图 4-36　插入注释文字前的变电站主接线图

（四）插入注释文字

该主接线图包括对 6 组互感器参数的文字注释，注释通过图 4-37～图 4-39 所示的 3 个表格实现。将绘制的 3 个表格定义成块，在互感器右边插入注释图块即可完成文字注释的工作。

1. 绘制注释表格一

（1）在母线下方第一个互感器边上绘制一个与互感器等高的矩形。

（2）在矩形内用文字工具添加"同右"，各占一行。

（3）分解矩形并删除矩形左边线，得到注释表格一图形。

（4）将该表复制到母线下方第二、第三个互感器右边。

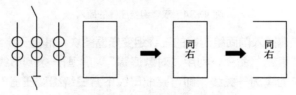

图 4-37　注释表格一的绘制

2. 绘制注释表格二

（1）用"直线"命令和"偏移"命令，在母线下方第四个互感器边上绘制一个与互感器等高的表格。

（2）在矩形内用文字工具添加 3 行如图 4-38 所示的互感器参数，得到注释表格二，并完成出线端互感器注释的添加任务。

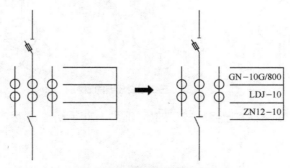

图 4-38　注释表格二的绘制

3. 绘制注释表格三

（1）复制注释表格二到母线上端第二个互感器右边。

（2）将表格第一行和第三行对调，并将第三行内的参数由 800 改为 1250，如图 4-39 所示，至此完成了进线端互感器注释的添加任务。

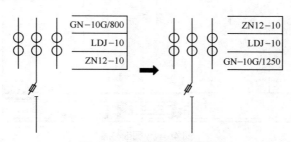

图 4-39　注释表格三的绘制

三、动力配电柜电气接线图绘制

（一）建立图形文件及其图层

打开 AutoCAD 2010 应用程序，打开前面绘制的 A3 图幅，另存为"动力配电柜电气接线图.dwg"并保存。打开"图形特性管理器"对话框，按照图 4-40 所示新建图层。其中，"表格层"用来绘制注释文字表格，图层设为蓝色；"注释文字层"用来放置文字说明，图层设为红色；"接线图层"用来绘制接线图。

图 4-40　图层设置

（二）图纸的布局

对整张图纸进行划分，可以得到图 4-41 所示的布局，布局内尺寸供读者参考。图纸视图中，约 1/3 为接线图绘制区（绘图区），2/3 为表格集中区，绘制虚线划分水平区域；根据接线图各部分位置和表格项目数，设置 3 条垂直分布区域线，将绘图区域分为 1～4 区。

绘图步骤如下。

（1）在绘图区绘制接线图。

（2）根据接线图分布绘制表格。

（3）最后在表格中填入接线图各部分的文字说明。

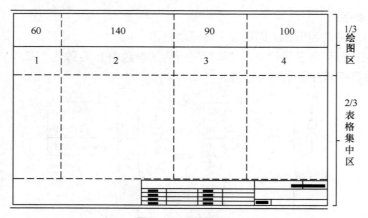

图 4-41　图纸布局

（三）绘制元器件符号

1. 热继电器电磁线圈的绘制

其绘制过程如图 4-42 所示。

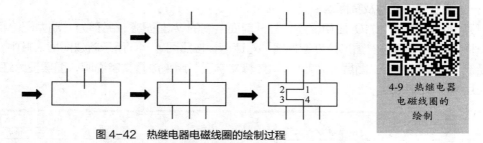

图 4-42　热继电器电磁线圈的绘制过程

4-9　热继电器
电磁线圈的
绘制

（1）用"矩形"命令绘制一个长方形，并用"分解"命令将矩形分解。

（2）结合中点捕捉，在矩形上边中点处绘制一根短垂线。

（3）结合最近点捕捉，复制该直线到右侧适当位置，再对最右侧直线用"镜像"命令得到左侧直线。

（4）选中中间直线下端，延长至框内。

（5）选中 3 条垂线，用"镜像"命令得到矩形下方 3 条对称垂线。

（6）单击"直线"命令，从位置 1（端点捕捉）出发，结合"对象追踪"功能，依次单击位置 2（追踪）、位置 3（追踪）、位置 4（端点捕捉），并确认，完成热继电器线圈图形绘制，并将其定义为块。

2. 熔断器式断路器的绘制

熔断器式断路器的绘制过程如图 4-43 所示。

（1）插入前面绘制的断路器块，用"分解"命令将其分解。

（2）选中开关斜线，用"偏移"命令绘制出斜线段的平行线。

（3）用"直线"命令，结合最近点、垂足捕捉，绘制两条短线。

（4）用"修剪"命令除去多余线段得到熔断器式断路器图形的绘制，并将其定义为块。

4-10　熔断器式
断路器的绘制

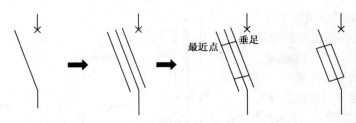

图 4-43　熔断器式断路器的绘制过程

（四）绘制接线图

在绘图前先将接线图层设置为当前图层。

1. 第 1 区图线绘制

（1）打开"正交"模式，绘制一根跨所有绘图分区的水平线；使用"偏移"命令，输入偏移距离为 2，在其下方连续偏移得到两条平行线，如图 4-44 所示。

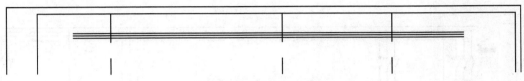

图 4-44　输入水平母线绘制

（2）在第 1 区继续使用"直线"命令，配合端点捕捉，画一条较短的垂线；使用"复制"命令，结合"对象追踪"功能，在右方连续偏移得到两条平行线；用"修剪"命令剪去水平线左端的交叉线段，如图 4-45 所示。

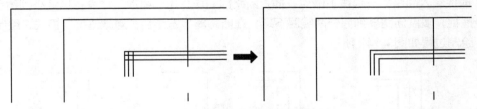

图 4-45　输入垂直母线绘制

（3）在左侧第一根线路端点插入熔断式断路器图块，使用"缩放"命令，系数设为 0.15，以得到适合图形，再结合端点捕捉，移动并复制熔断式断路器块到预留位置；在熔断式断路器下方结合"对象追踪"功能，绘制 3 条等长直线，绘制过程如图 4-46 所示。

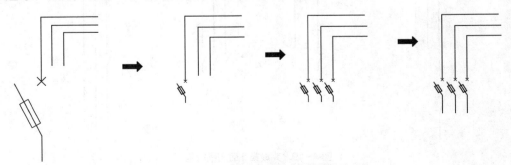

图 4-46　在输入回路插入熔断式断路器图块

（4）在熔断式断路器直线下端，结合端点捕捉插入前面绘制的电流互感器图块；输入"0.15"比例因子（插头上端点为基点）进行缩放；结合端点捕捉，复制电流互感器图块到右侧两根线路端点，如图 4-47 所示。

（5）选中图 4-48 中虚线所示输入回路图线，并结合"正交"模式，移动 3 路互感器到其他 3 个绘图区，将最右端水平线的多余线段修剪掉，即可完成整个接线图互感器的绘制，结果如图 4-48 所示。

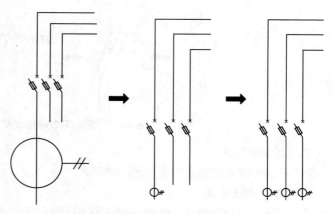

图 4-47   在输入回路插入电流互感器图块

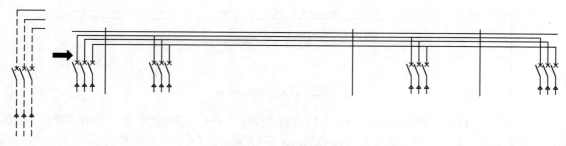

图 4-48   整个接线图互感器的绘制

（6）捕捉输入回路第一根线下端点，插入断路器图块；用"缩放"命令将其缩小到适合大小并利用端点捕捉，复制断路器到另外两线路下端；在断路器下方结合"对象追踪"模式，绘制 3 条等长直线。绘制过程如图 4-49 所示。

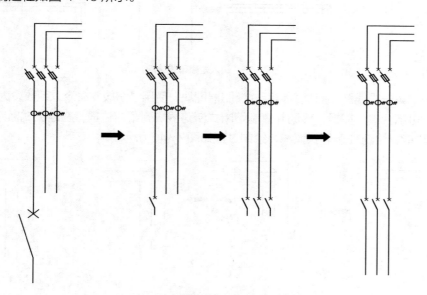

图 4-49   完成第 1 区图线绘制

2. 第 2 区图线绘制

用同样的方法绘制水平线和第一条支路线路；复制第 1 区绘制好的 3 个平行断路器图块，用端点捕捉插入到支路下端，然后结合"对象追踪"模式在断路器下方绘制 3 条等长的直线；打开"正交"模式，复制第一支路全部线路，在左边复制 4 条支路；用"修剪"命令剪去最右端线路末端多余线段。绘制结果如图 4-50 所示。

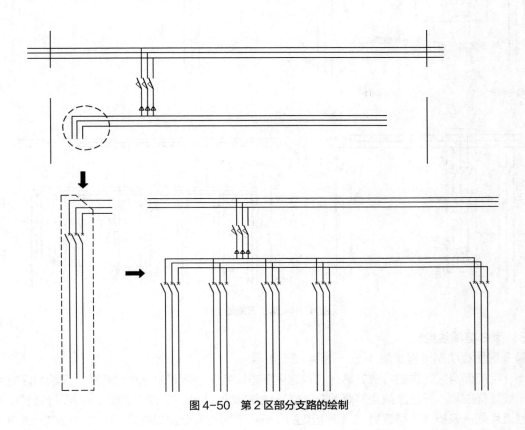

图 4-50　第 2 区部分支路的绘制

下面绘制冷却塔的输出线路，绘制过程如图 4-51 所示。

（1）打开"正交"模式，将图 4-51（a）中虚线部分图形集合复制到其右端，然后插入前面项目中绘制的接触器主触点图块到支路端点；用前面同样的方法缩放、复制，完成 3 个主触点绘制；然后用端点捕捉，插入热继电器电磁线圈图块；用"缩放"命令，使用 r 参数确定热继电器电磁线圈大小，用 p 参数确定缩小后的尺寸，完成缩放得到图 4-51（b）。

（2）执行"直线"命令，捕捉在热继电器电磁线圈下方的 3 条直线端点，将线路延长，插入电动机图块，并将其缩放到适合尺寸，得到图 4-51（c）。

（3）复制图 4-51（c）中虚线框内垂直线路部分到其右边，完成冷却塔输出线路部分的绘制。

（4）选中图 4-51（d）中虚线框内的部分，结合"正交"模式向下移动至与其他线路下端对齐，并用"直线"命令连接移动后线路的断路处即可。

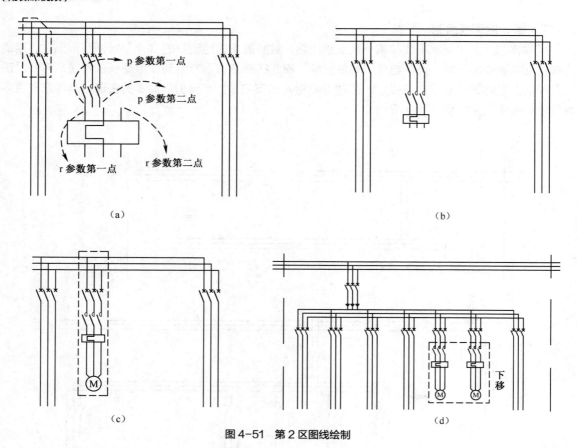

图 4-51　第 2 区图线绘制

3．第 3 区图线绘制

第 3 区图线绘制过程如图 4-52～图 4-55 所示。

（1）用前面两区同样的方法在第 3 区互感器下方绘制 3 条等长水平线，将第 2 区绘制好的冷却塔输出线路复制到水平线左端点并修剪左上交叉线路部分。打开"正交"模式，使用"直线"命令，捕捉最近点画一条折线（可看做 C 相引出线），折线下端位置通过对象追踪确定，对该折线向下和向左各偏移 2，修剪左侧偏移得到的竖线，然后移动下方水平线，得到 B 相引出线；用同样方法画出 A 相引出线；复制接触器主触点到引出线端点，然后复制 3 条水平引出线到电动机上端。绘制过程如图 4-52 所示。

（2）应用"对象追踪"功能，捕捉水平线端点绘制 3 条直线；用最近点捕捉，将垂线向左移动大约 1 的距离（通过光标的距离显示确定）；在直线下端，利用"对象追踪"功能绘制与相应水平线对齐的短线，并将多余线段修剪掉。绘制过程如图 4-53 所示。

（3）插入变压器线圈图块，用"缩放"命令将其调整到适合线路的大小，移动到相应位置，并单击变压器线圈第三、第四半圆交点，第二点单击短线端点；用直线连接变压器图块上引出线端点和接触器主触点下引出线端点；单击"直线"命令，利用"对象追踪"功能在变压器线圈下端点画出与电动机低端平齐垂线；在 3 根直线之间插入接触器主触点（先复制接触器主触点图块，旋转-90°，并用 r、p 参数缩放到适合直线间距大小）。绘制过程如图 4-54 所示。

（4）将绘制好的第一条支路复制到第 3 区水平线路中间和左端，并修剪掉左端水平线多余线段，完成的第 3 区消防水泵线路如图 4-55 所示。

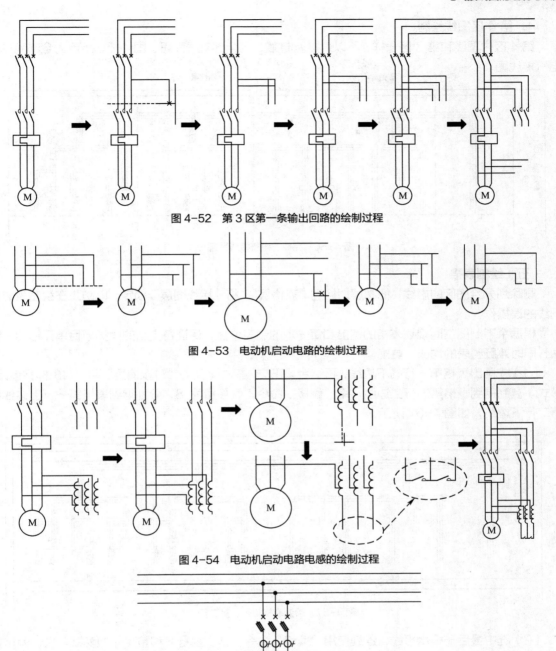

图 4-52 第 3 区第一条输出回路的绘制过程

图 4-53 电动机启动电路的绘制过程

图 4-54 电动机启动电路电感的绘制过程

图 4-55 第 3 区消防水泵线路

4．第 4 区图线绘制

第 4 区内图线和第 3 区一样，所以直接复制第 3 区全部支线即可。图 4-56 所示为全部完成的电气接线图。

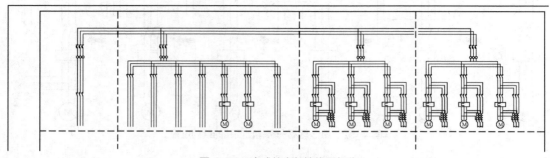

图 4-56　完成的电气接线图部分

（五）绘制表格

删除划分绘图区的虚线，把图层切换到"表格层"，将"接线图层"锁定，以防止在绘制表时对图线的误操作。

根据余下制图空间规划表格的宽度和每一项的制表位置，保证各支路的同类项目单元格的一致性，同时兼顾整表的均衡、美观。

（1）先画出表格第一行的下边线，再结合"正交"模式（关闭"对象捕捉"和"对象捕捉追踪"模式）复制得到表格第二行上边线。用"偏移"命令，偏移量为 8，分别得到表格第一行上边线和第二行下边线，如图 4-57 所示。

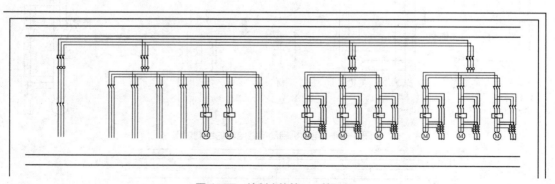

图 4-57　绘制表格第一、第二行

（2）选中最后一根水平线，连续使用"偏移"命令，依次执行偏移量 8 的偏移 4 次、偏移量 12 的偏移 2 次、偏移量 8 的偏移 1 次、偏移量 12 的偏移 4 次、偏移量 8 的偏移 1 次，即可完成表格水平线绘制，结果如图 4-58 所示。

（3）结合最近点捕捉，绘制表格第一条垂线，如图 4-59 所示。

（4）多次重复使用"偏移"命令，依次向右偏移，偏移量 30 的偏移 1 次、偏移量 17 的偏移 9 次、偏移量 26 的偏移 5 次，结果如图 4-60 所示。

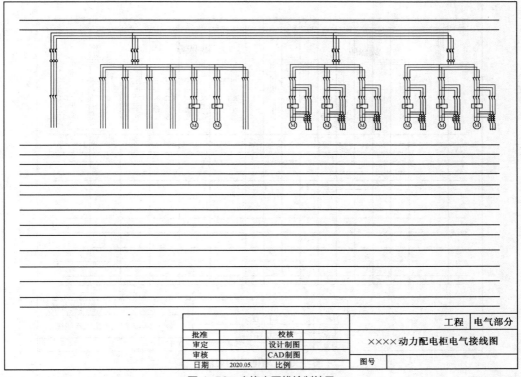

图 4-58 表格水平线绘制结果

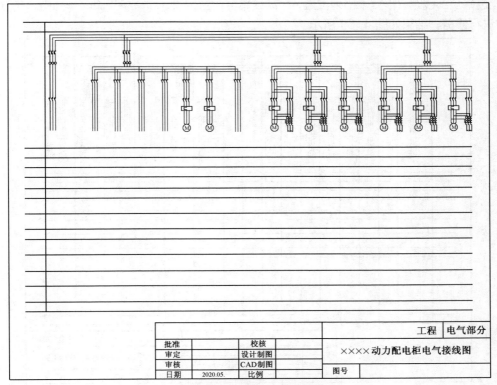

图 4-59 表格第一条垂线绘制

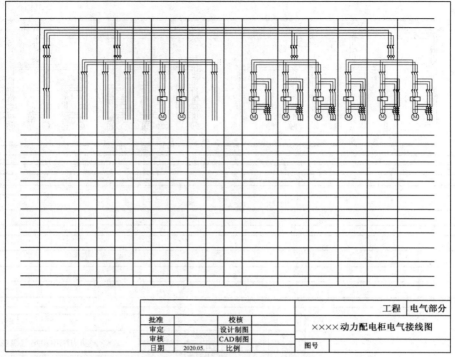

图 4-60　表格垂直线绘制

（5）从图 4-60 中可以看出，刚才绘制的线路不全在表格相应列中。解锁"线路层"，锁定"表格层"；选择全部线路，根据表格列位置，移动线路至适合位置，即每条支路在一列中，并对表格过长边线进行修剪，结果如图 4-61 所示。

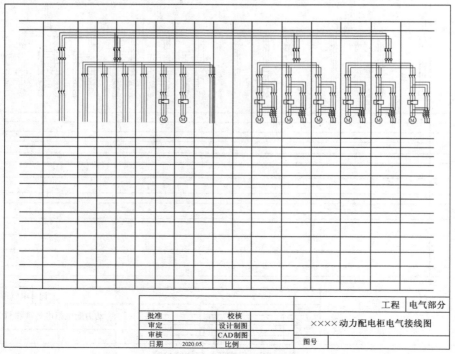

图 4-61　线路调整结果

（6）解锁"表格层"，根据图纸表格，用"剪切"命令剪去某些表格内多余线段，完成图 4-62 所示表格的绘制。

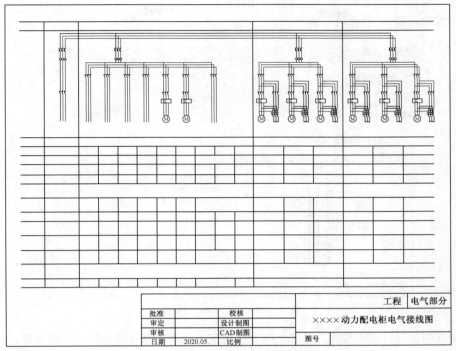

图 4-62　绘制好的空表格

（六）插入说明文字

将"文字层"设定为当前图层，锁定其他图层。根据设计内容和设备要求，在表格内填写说明文字和数据。调用"多行文字"命令进行，字体选用仿宋，大小为 2.5。

在表中第一个单元格写入"配电柜代号"，退出文字输入；保持"正交"模式，关闭其他模式，复制文字到第一行其他单元格的垂直中间位置，然后双击修改各单元内容，并采用"文字对齐方式"（选居中）调整对齐。用这种方法边输入、边复制，可以保证文字的行对齐。全部完成后，还可用"移动"命令微调文字位置。绘制完成的图表如图 4-3 所示。

拓展知识

一、添加表格

在电气图的绘制中，由于元器件较多、线路比较繁杂，不便于就近标识，或者标识内容较多时，经常采用添加单独列表的形式来给出设备或元器件的名称、型号或运行及工作状态与条件等信息。如果该类表格规范符合 AutoCAD 系统提供的表格形式，就可以通过执行"表格"命令来直接添加，不必采用本项目中的方法自己绘制了。

4-11　添加表格

有 3 种方法执行添加表格命令。

在图 4-63 所示的"插入表格"对话框中设置表格参数。

（1）选择下拉菜单"绘图"→"表格"命令。

（2）在"绘图"工具栏中单击"表格"按钮▦。

（3）在命令行输入"table"命令。

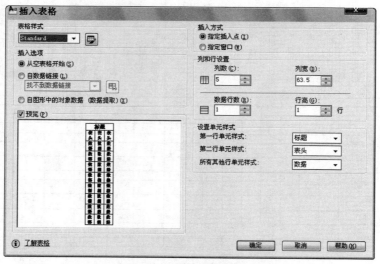

图 4-63 "插入表格"对话框

在对话框中可以对表格的插入方式（在光标指定的点插入默认单元格大小的表格，或者用光标移动调整插入表格大小）、数据来源（插入空表、自数据链接还是来源于图形对象数据）、行列进行设置（行列数目以及列宽和行高），对单元格内文字的样式（系统提供 3 种样式，分别为"标题""表头""数据"）具体内容进行设置，并可在左下方的预览窗口中实时查看改动效果。

二、设置与修改表格样式

如对表格的样式进行进一步设置，可以选择下拉菜单"格式"→"表格样式"命令，或者单击"表格样式"按钮▦，打开"表格样式"对话框，如图 4-64 所示。如果以前设置过表格样式，则在左侧的"样式"列表框中就会显示出来，单击鼠标左键选择某个样式后，再单击"置为当前"按钮，就可以用所选的样式进行表格插入。

4-12 设置表格样式

4-13 修改表格样式

单击图 4-64 中的"新建"按钮，可以打开图 4-65 所示的"创建新的表格样式"对话框，输入新样式名称，"基础样式"选择"Standard"，单击"继续"按钮进入"新建表格样式：Standard 副本"对话框，如图 4-66 所示，可对该表格的常规样式、文字样式、边框样式等进行设置。

单击图 4-64 中的"修改"按钮，可进入"修改表格样式"对话框，该对话框内容和"新建表格样式"对话框一样。

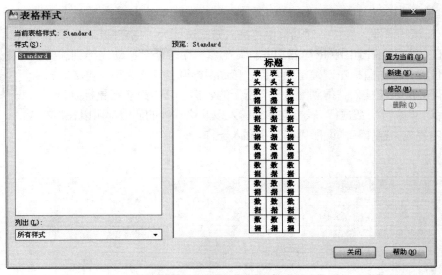

图 4-64 "表格样式"对话框

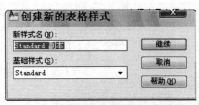

图 4-65 "创建新的表格样式"对话框

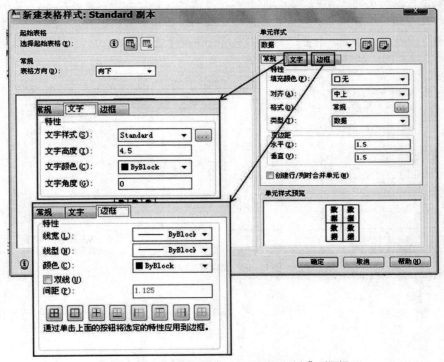

图 4-66 "新建表格样式:Standard 副本"对话框

例如，单击"表格"按钮▦，在"插入表格"对话框内输入 5 行 5 列，并在图 4-63 所示的"插入表格"对话框中将插入方式选择为"指定窗口"，单击"确定"按钮，返回绘图窗口，即可看见光标跟随着一个表格。移动光标到需要插入表格的位置，单击鼠标左键确定插入点，移动鼠标调整表格大小，再次单击鼠标左键即可完成表格插入，得到图 4-67 所示的表格。其中第 1 行是标题行，第 2 行是表头，其余行是数据行。表格文字的输入以及格式等的调整都可以在"文字格式"框内完成，操作和前面所用的文字插入一样。

4-14 表格文字

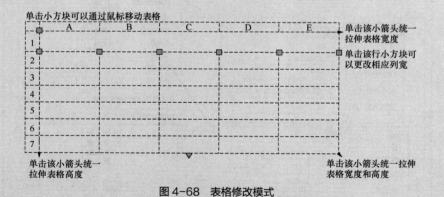

图 4-67 插入一个 5×5 的表格

> **小窍门**：如果在绘制表格前表格具体尺寸不确定，那么可以先根据 m 行 n 列插入表格，再单击表格得到图 4-68 所示的表格修改模式，方便统一拉伸表格，修改列宽、行高等。若要修改行列等参数，可以双击表格，打开图 4-69 所示的表格"特性"对话框，对表格的颜色、线型、线宽、行数、列数、宽度、高度等进行修改。

图 4-68 表格修改模式

图 4-69　表格"特性"对话框

4-15　表格大小
的快速修改

小结

　　本项目通过低压配电系统主接线图、变电站主接线图、动力配电柜电气接线图的分析，介绍了电气接线图的特点、布局与规划方法。通过低压配电系统主接线图、变电站主接线图、动力配电柜电气接线图的具体绘制，给出了供配电系统常用元器件——电流互感器、避雷器、双绕组变压器、三绕组变压器、保护接地、刀熔开关、熔断电阻、热继电器电磁线圈、熔断器式断路器等的绘制过程，详细介绍了运用绘图工具绘制表格的方法，总结了配电系统接线图的绘制方法。在拓展知识环节中，对 AutoCAD 系统提供的表格常用功能也进行了展开介绍。

自测题

一、简答题

1. 电气接线图有何特点？
2. 绘制电气接线图时应如何建立图层？
3. 绘制有装订线的 A3 图幅时如何确定内、外框的尺寸？
4. AutoCAD 提供的表格是什么形式的？如何快速修改表格的宽度和高度？

5. 绘制任意表格的常用绘图命令和工具有哪些？

6. 如何打开表格"特性"对话框？

7. 能够起到复制作用的命令有哪些？

二、填空题

1. 电气接线图是一种简图或_____。

2. 绘制接线图时一般采用_____进_____出或_____进_____出的顺序绘制。

3. AutoCAD 中表格功能_____（满足/不能满足）所有表格需求，所以_____（需要/不需要）自己绘制表格。

4. 接线图中是用矩形、圆等简单图形来表示_____等项目的。

5. 接线图中需要标注的内容很多时需要添加_____进行分类分项说明。

6. 绘制 A3 图幅一般采用的尺寸是长_____宽_____。

7. 接线图中的端子有_____和_____两种。

8. 接线图中一般用_____来表示端子间的实际连接导线。

9. 接线图中绘制的元器件的几何图形和尺寸与实际图形和尺寸_____（一样/不相关）。

10. 打开_____可以修改表格样式。

三、实做题

1. 绘制下面的表格，试比较表格插入方法和手动绘制方法的优缺点。

5	4RDa-5RDc	熔断器	USK-2.5RD/10A	2	
4	1RDa,2RDb,3RDc	熔断器	USK-2.5RD/2A	3	
3	1LHabc,LHa	电流互感器	LMK2-0.66　□/5	4	参照系统图
2	ZK	框架断路器	DW15-630/3P □A　热电磁式	1	参照系统图
1	DK	刀开关	HD31BX-□/31	1	参照系统图
安装在柜内的设备					

2. 创建图 4-70 所示元器件的图块。

接地标识　　　　电容补偿器　　　　高压隔离开关

图 4-70　元器件图形

3. 用留出装订位置的 A4 图幅绘制图 4-71 所示的某配电室高压部分一次主接线图。

四、思考题

在电气工程中，电气原理图是用来表明电气系统各部件之间关系和工作运行原理的，并非施工所用，而指导施工的是电气施工图，本项目所讲的接线图就是其中之一。所以作为电气工程技术人员，不能仅仅专注于局部工作，而要将自己的工作放到整体项目中来考虑，同时也要能够换位思考，以谋求集体利益最大化为目标。回顾一下日常实训中自己在小组工作中的表现，思考自己是否具有全局观和大局意识？今后该如何做才能提高自己的全局观和大局意识？

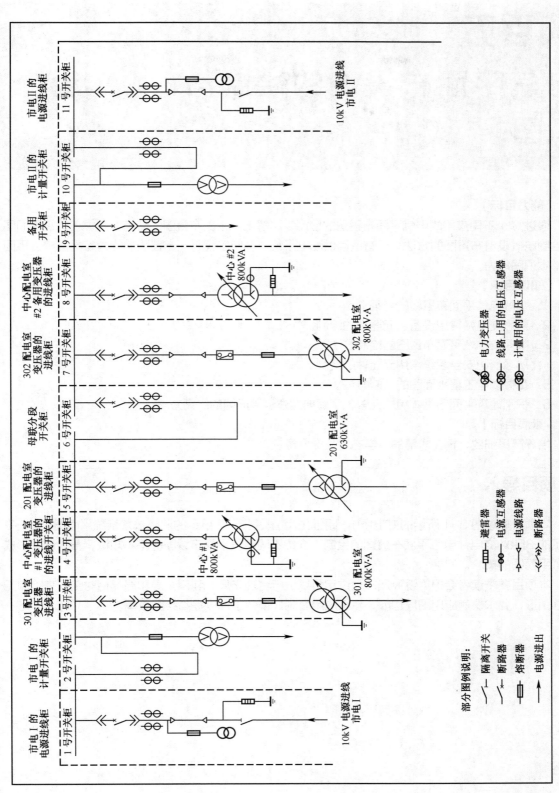

图4-71 某配电室高压部分一次主接线图

部分图例说明:

‐／‐ 隔离开关   ‐⌇⌇‐ 避雷器   ‐⊖⊖‐ 电力变压器
‐✕‐ 断路器   ‐⊖⊖‐ 电流互感器 ‐⊖⊖‐ 线路上用的电压互感器
‐▯‐ 熔断器   ‐▷‐ 电源线路   ‐⊖⊖‐ 计量用的电压互感器
→ 电源进出   ‐«»‐ 断路器

项目五
电气平面布置图的绘制与识图

【能力目标】

通过 3 个不同应用的电气平面布置图的绘制，了解电气平面布置图的特点，掌握在建筑平面图中绘制电气设备布置图的方法，具有识读供配电系统、弱电工程平面布置图的能力，具备建筑平面图基本识图能力。

【知识目标】

1. 了解电气平面布置图的特征。
2. 熟悉变电站常用设备、元器件的绘制。
3. 掌握变电站平面布置图的绘制方法。
4. 熟悉消防安全系统常用元器件的绘制。
5. 掌握弱电工程平面图的绘制方法。
6. 识别建筑平面图基本组成元素，了解典型建筑平面图的绘制方法。

【素质目标】

培养严谨细致、精益求精的科学态度及安全意识。

项目导入

本项目通过图 5-1 所示的变电所电气平面布置图、图 5-2 所示的消防报警系统平面图、图 5-3 所示的 35kV 变电站电气平面布置图的绘制，介绍不同电气平面布置图的基本知识，帮助读者形成电气平面图的概念。

本项目要求读者会根据设计尺寸通过定位线进行合理布局，利用全局和局部相对空间来绘制无尺寸图形；要求快速应用图层功能，熟练应用复制、镜像工具以提高绘图效率。

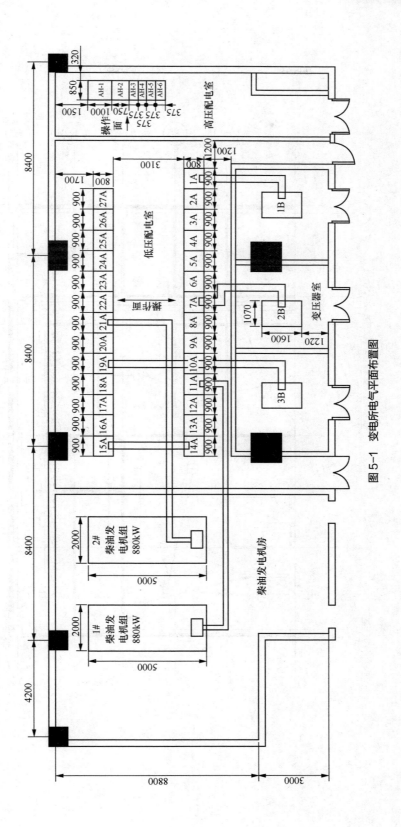

图 5-1 变电所电气平面布置图

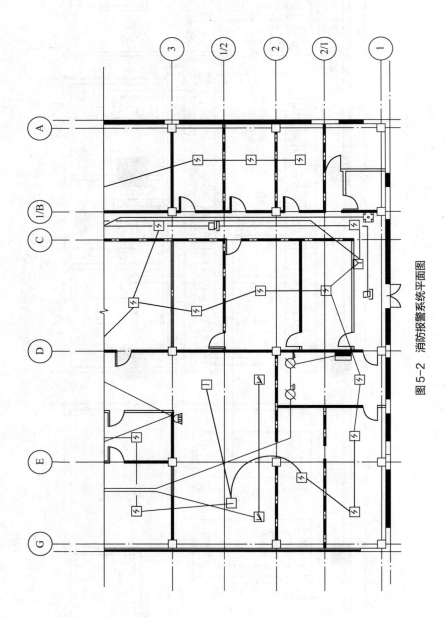

图 5-2　消防报警系统平面图

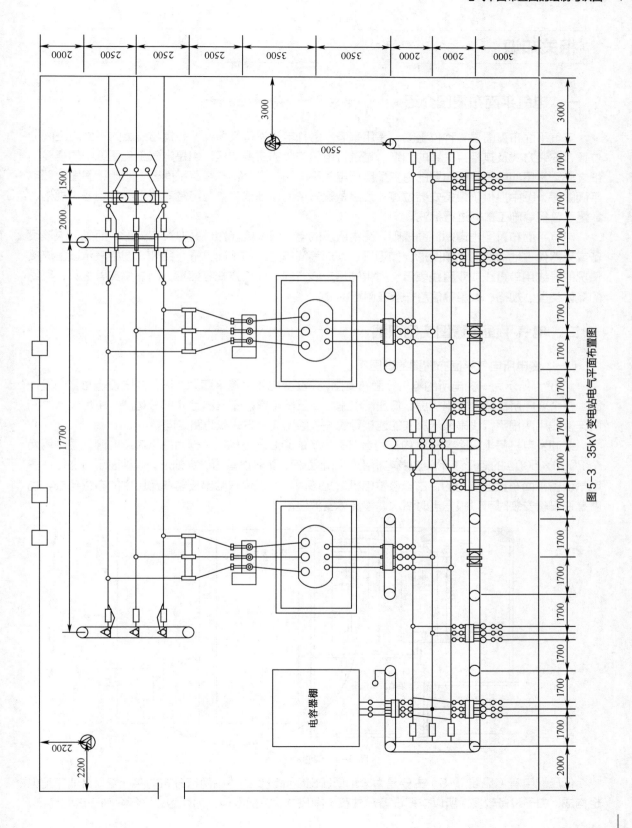

图 5-3　35kV 变电站电气平面布置图

相关知识

一、电气平面布置图介绍

电气平面布置图是一种位置图，是用来表示各种电气设备及器件、装置与线路的平面与空间的位置、安装方式及其相互关系的图纸，是进行电气安装的主要依据，也是电气工程图纸中的重要图纸之一。常用的电气平面布置图有变配电所电气平面图、室外供电线路平面图、照明平面图、弱电平面图等，图中提供了设备安装位置、线路敷设方法的详细信息，还经常对所用导线型号、规格、数量、管径等施工数据进行标注。

电气平面布置图也遵循简图规则，图中所示的电气设备或元器件并非真实外形，而是反映该设备或元器件占地情况的简单图形，如矩形、圆形等简单的几何平面图形；另外，图中表示设备连接情况的导线用单直线或双直线表示，提供的是走线方向、连接方式等信息，而非真实导线数，导线的具体类型、规格、数量等信息一般在附近标注。

二、电气平面布置图实例识图

（一）变电所电气平面布置图的识图

图 5-1 所示为一变电所的电气平面布置图，是在变电所建筑平面图上进行变电设备布置的设计图。整个变电所由柴油发电机房、低压配电室、高压配电室、变压器室 4 部分构成，所有设备之间的连接线用两根平行线来表示真实的连接导线，并给出连接方式和线路走向。

柴油发电机房（见图 5-4）内有两台 880kW 的柴油发电机组，作为站用应急电源。图中用两个 2000×5000 的矩形表示柴油发电机组的占地面积，而非设备的真实外形，这种表示方法是许多电气设备平面布置图常用的。由于该发电机房足够大，所以没有给出设备在房屋中的布置尺寸，也就是说设备安装时可以根据当时情况调整具体安放位置。

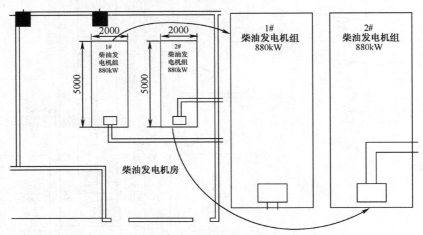

图 5-4 柴油发电机房

低压配电室（见图 5-5）主要是为分配低压出线而设置的，由两行分布的共计 27 台低压配电柜构成。由于设备较多，所以根据设备尺寸和房间尺寸，将配电柜分为两组，平行分列于房间两侧，并且给出了每行设备的具体安装尺寸，设备间连接导线（具体根数和端接信息在设备接线图中给出）的走向与连接信息用两根平行线表示。配电柜的操作面朝内放置，两组相对，便于操作人员操作。

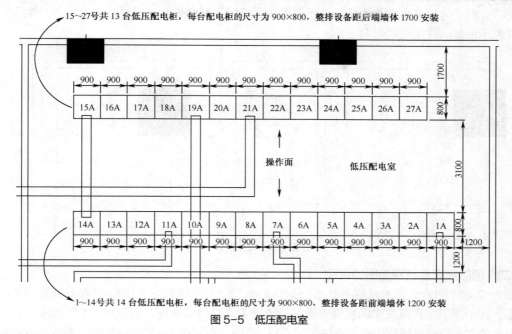

图 5-5　低压配电室

高压配电室（见图 5-6）由 6 台高压配电柜组成，其中 4 台大小为 850×375，一台为 850×750，一台为 850×1000，并且给出了在房间中的安装位置。图中的"操作面"标识，是表示在具体安装时，配电柜的操作面及显示面的放置方向，即朝外放置，面对操作员方向。

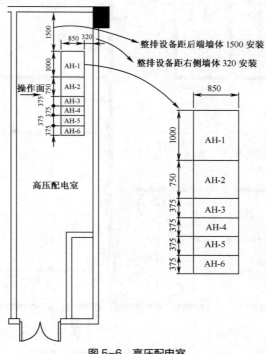

图 5-6　高压配电室

主变压器共有 3 台，分别布置在 3 间变压器室内（见图 5-7）。与前面的柴油发电机组一样，这里的变压器也是用矩形（图 5-7 中的 1B、2B、3B）来示意的，矩形的尺寸表示变压器的最大占地面积。由于 3 台变压器型号相同，所以图中只标明了其中一台的尺寸及安装位置，并用 2 根平行线来表示设备间连接线的走向。

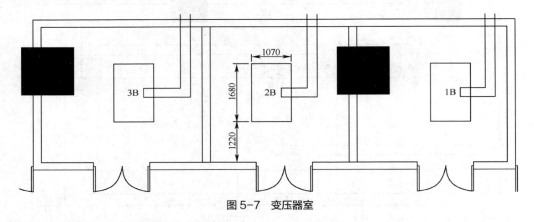

图 5-7　变压器室

（二）消防报警系统平面图的识图

图 5-2 所示为消防报警系统平面图，是在建筑物某层平面图上进行消防报警设备及装置布置的设计图。整个消防报警系统由消防报警设备及装置（如感烟探测器、扬声器、感温探测器、防火阀等）和装置之间的连接线路组成，具体如图 5-8 所示。这些表示设备或装置的图例并非设备的真实外形，而是提供设备信息的图标。各种消防报警设备及装置的摆放位置、数量是根据消防报警系统的设计规范，结合房间的用途来确定的。

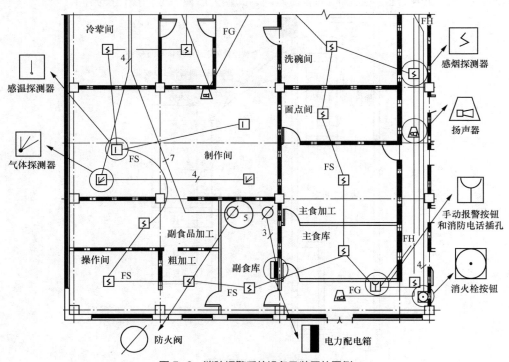

图 5-8　消防报警系统设备及装置的图例

类似消防报警系统平面图的还有照明设备平面布置图（见图 5-9）、弱电系统（计算机/通信系统）平面布置图（见图 5-10）等。

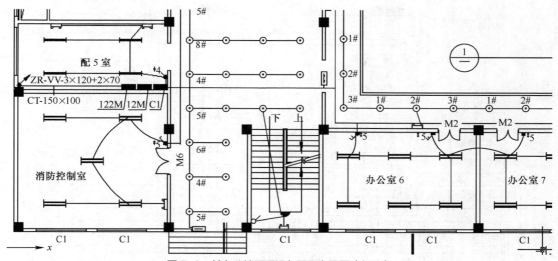

图 5-9　某办公楼照明设备平面布置图（部分）

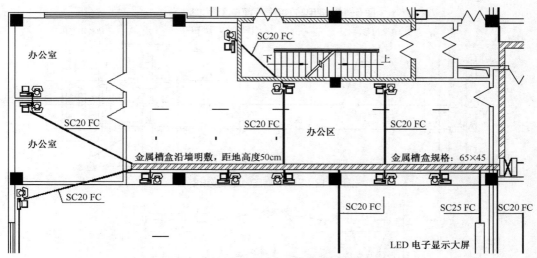

图 5-10　某办公楼弱电系统平面布置图（部分）

（三）35kV 变电站电气平面布置图的识图

图 5-3 所示为一变电站的电气平面布置图，该平面布置图与图 5-1 和图 5-2 略有不同，没有建筑平面图的信息，因为所有设备是在户外安装的。图中详细给出了从 35kV 进线经过变压器设备到 10kV 出线的设备及线路连接方式。图中所有设备和线路都不是按照真实外形绘制的，是用图例来表示的，其尺寸表示设备安装和占地等信息。

整个电气平面布置图按照线路走向可以分为 3 部分，即 35kV 高压侧线路、35kV/10kV 变压器及连接设备、10kV 输出线路，具体划分如图 5-11 所示。

35kV 高压侧线路及设备如图 5-12 所示，35kV/10kV 变压器及连接设备如图 5-13 所示，10kV 输出线路及设备如图 5-14 所示。

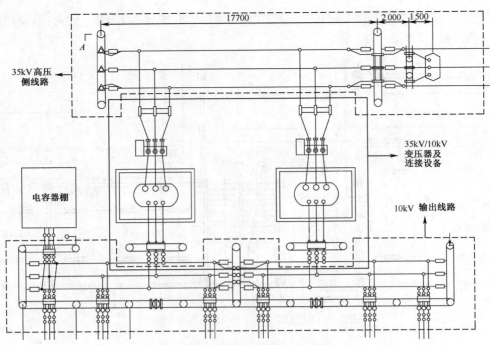

图 5-11　变电站的电气平面布置图线路划分

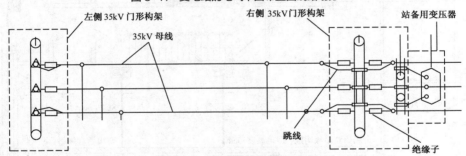

图 5-12　35kV 高压侧线路及设备

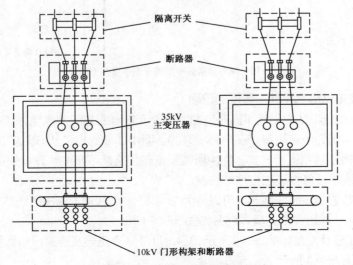

图 5-13　35kV/10kV 变压器及连接设备

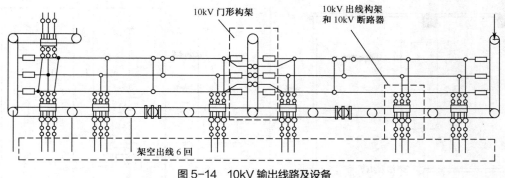

图 5-14　10kV 输出线路及设备

项目实施

一、变电所电气平面布置图绘制

（一）设置绘图环境

打开变电所建筑平面图，然后另存为"变电所平面布置图.dwg"。选择下拉菜单"格式"→"图层"命令，新建"标注层"和"设备层"，如图 5-15 所示，其他图层为原建筑平面图的图层，绘图比例为 1：1，即设备布置按照图纸给出尺寸绘制。

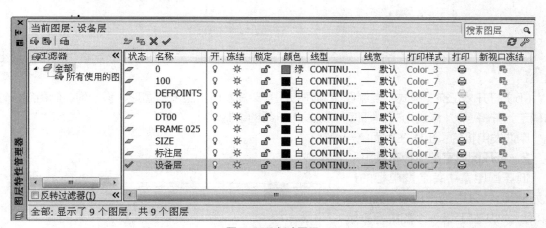

图 5-15　新建图层

（二）绘制变电所电气平面图

1. 柴油发电机组布置

柴油发电机组的绘制过程如图 5-16 所示。

（1）将图层切换到"设备层"，用"窗口缩放"命令放大柴油发电机室。根据设计尺寸，调用"矩形"命令，在室内适当位置（靠近左侧第二柱）单击确定第一点，然后通过参数 d 输入长度为2000、宽度为 5000，移动鼠标确定矩形另一点位置。

（2）继续使用"矩形"命令，在第（1）步中画的大矩形内部下端画一个小的矩形。

（3）使用"移动"命令，并单击小矩形下边中点，结合中点捕捉、"对象追踪"模式，移动小矩形到与大矩形下边对中位置。

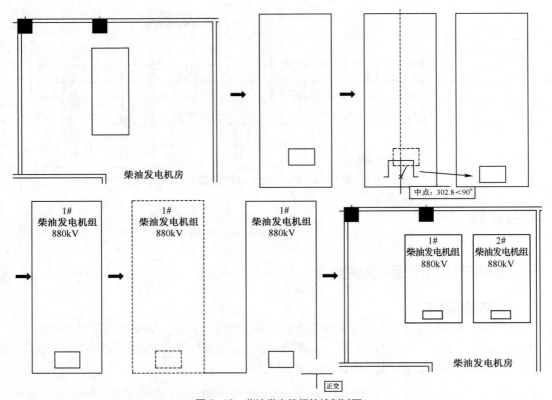

图 5-16　柴油发电机组的绘制过程

（4）使用"多行文字"命令，输入"1#""柴油发电机组""880kV"文字在大矩形内部上端位置。

（5）打开"正交"模式，复制已绘制好的 1 号柴油发电机组所有图形，移动到右侧相应位置单击确定，并将"1"修改为"2"即可完成发电机组的绘制。

柴油发电机的引出线在后面统一绘制。

2．低压配电室配电柜布置

低压配电室中每台配电柜的尺寸为 900×800，两排柜子正面间隔3100。先从左上第一个配电柜开始绘制。

（1）调用"矩形"命令在配电室第一柱下方绘制一个 900×800 的矩形，在中间用"单行文字"命令添加编号"15A"，如图 5-17 所示。

（2）选中矩形和文字，利用"阵列"命令，如图 5-18 所示进行设置。因为配电柜共有两列，所以"行数"

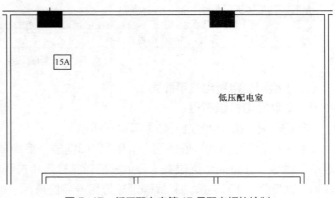

图 5-17　低压配电室第 15 号配电柜的绘制

输入 2，"列数"输入 14（第二行是 14 个）。因为两行间距是 3100，而柜子宽 800，所以"行偏移"输入了-3900（行添加在下面时，偏移量为负值）；柜子长 900，所以"列偏移"输入 900。

执行后的结果如图 5-19 所示。

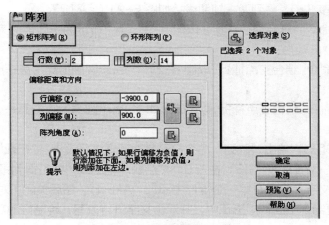

图 5-18 绘制配电柜的阵列操作

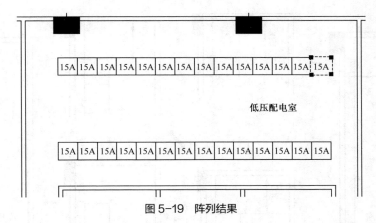

图 5-19 阵列结果

（3）删除第一行最后一个配电柜，然后双击每个配电柜内的文字进行修改。选中 1A～27A 全部配电柜，根据 1A 标注尺寸进行移动，结果如图 5-20 所示。

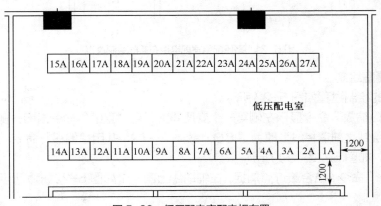

图 5-20 低压配电室配电柜布置

3. 高压配电室配电柜布置

高压配电室配电柜的绘制过程如图 5-21 所示。

（1）用"窗口缩放"命令显示高压配电室，用"偏移"命令，选择上内墙线向下偏移 1500，选择右内墙线向左偏移 320，得到两根辅助线，如图 5-21（a）所示。

（2）用"矩形"命令，结合交点捕捉，以图 5-21（b）所示圆圈为矩形第一点，输入长、宽尺寸画一个 850×1000 的矩形。

（3）继续"矩形"命令，结合交点捕捉，以图 5-21（c）所示圆圈为矩形第一点，画一个 850×750 的矩形。

（4）继续"矩形"命令，结合交点捕捉，以图 5-21（d）所示圆圈为矩形第一点，画一个 850×375 的矩形。

（5）选中最后的矩形，单击"阵列"命令打开其对话框进行设置："行数"输入 4，"列数"输入 1；"行偏移"输入 –375，"列偏移"输入 0；然后删除辅助线，即可得到图 5-21（e）。

（6）调用"单行文字"命令在第一个矩形中添加"AH–1"，然后关闭"对象捕捉"模式，打开"正交"模式将文字复制到下面各矩形正中，并双击文字进行改写，绘制好的高压配电室如图 5-21（f）所示。

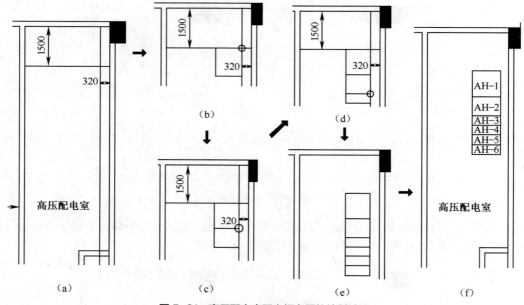

图 5-21　高压配电室配电柜布置的绘制过程

4. 主变压器室绘制

主变压器室的绘制过程如图 5-22 所示。

（1）用"窗口缩放"命令显示左侧第一个变压器室；用"直线"命令沿门一侧内墙通过端点捕捉画一条直线（绘制之前请将线型改为"ISO dash- - -"），并用"偏移"命令，向上偏移 1220，得到一根辅助线，如图 5-22（a）所示。

（2）用"矩形"命令，结合最近点捕捉，在辅助线上画一个如图 5-22（b）所示的 1070×1680 的矩形。

（3）用"单行文字"命令添加文字"3B"，并删除两根辅助线，得到图 5-22（c）。

（4）打开"正交"模式，选中第一个 3B 变压器全部图块，复制到另外两间变压器室中间，并双击文字进行改写，结果如图 5-22（d）所示。

（5）最后删除两根点画线，即可得到主变压器设备布置图。

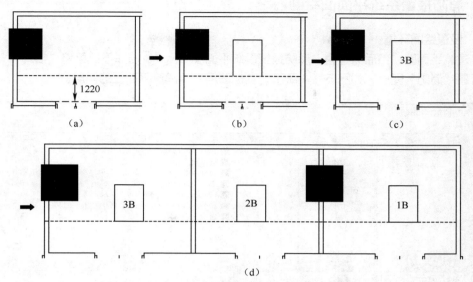

1220

（a）　　　　　　　（b）　　　　　　　（c）

（d）

图5-22　主变压器室的绘制过程

5. 设备间的连接线

前面完成了所有设备的布置，接下来主要用"直线"命令、"偏移"命令、"剪切"命令就可以完成各设备间连接线路的绘制，结果如图5-23所示。

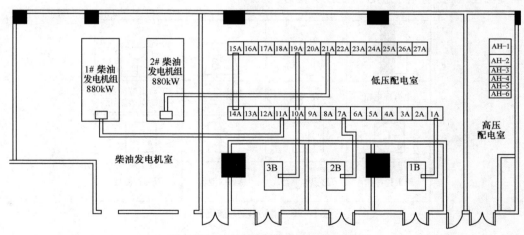

图5-23　变电站设备间连接线路的绘制

（三）尺寸标注的添加

由于各设备均按照实际尺寸绘制，所以将标注置为当前图层后，直接用各标注命令即可完成标注。

（1）发电机组、主变压器、各设备在房间中放置位置的尺寸标注使用"线性标注"命令来完成。标注时，标注的起点和结束点通过捕捉矩形的两个端点即可。

（2）对于低压配电柜、高压配电柜的尺寸则使用"连续标注"命令，逐个拾取矩形的端点，即可完成。

二、消防报警系统平面图绘制

（一）设置绘图环境

打开建筑平面图，然后另存为"消防报警系统平面图.dwg"。选择下拉菜单"格式"→"图层"命令，新建"消防"图层，如图 5-24 所示，其他图层为原建筑平面图的图层。

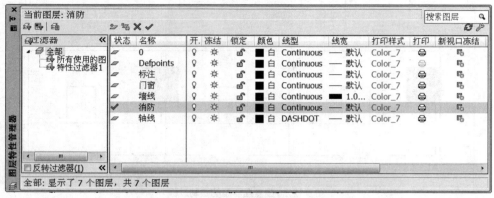

图 5-24　新建图层

（二）绘制消防报警系统弱电符号

本项目中需要用到一些消防报警系统的图例，如图 5-25 所示。由于图例库中未包含这些符号，读者需要自己绘制。所有图例都绘制在"消防"图层。

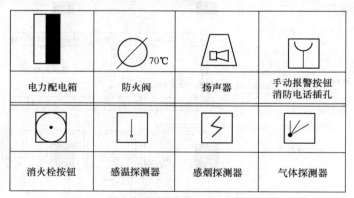

电力配电箱	防火阀	扬声器	手动报警按钮 消防电话插孔
消火栓按钮	感温探测器	感烟探测器	气体探测器

图 5-25　消防报警系统图例

1. 电力配电箱的绘制

电力配电箱的绘制过程如图 5-26 所示。

（1）用"矩形"命令绘制一个长 500，宽 1000 的长方形。

（2）继续"矩形"命令，第一点捕捉中点，第二点捕捉端点，画出一个 250×1000 的长方形。

（3）选中右侧长方形，利用"填充"命令中的"SOLID"图案填充，即可完成电力配电箱图形的绘制，并保存为图块。

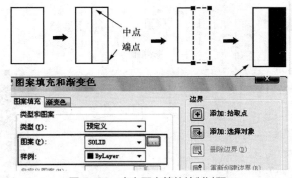

5-1　电力配电箱的绘制

图 5-26　电力配电箱的绘制过程

2．防火阀的绘制

防火阀的绘制过程如图 5-27 所示。

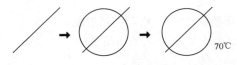

图 5-27　防火阀的绘制过程

5-2　防火阀的绘制

（1）调用"直线"命令，第一点任意确定，在命令行输入"@850<45"，画出一条长 850、角度为 45° 的斜线。

（2）调用"圆"命令，捕捉斜线中点为圆心，画一个半径为 300 的圆。

（3）调用"单行文字"命令输入"70℃"，其中"°"符号可以通过文字输入中的符号选项来完成，如图 5-28 所示，即可完成防火阀图的绘制，并将其保存为图块。

图 5-28　特殊文字符号"°"的输入

3．扬声器的绘制

扬声器的绘制过程如图 5-29 所示。

167

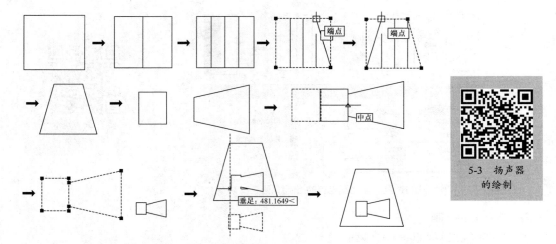

图 5-29　扬声器的绘制过程

（1）用"矩形"命令绘制一个 600×600 的正方形。

（2）用"直线"命令捕捉上、下边中点，画一条垂直中心线作为辅助线。

（3）用"偏移"命令将中心线向两侧偏移 150，得到另外两条辅助线。

（4）选中正方形，单击右上夹点，向左移动到右辅助线上端点。

（5）单击左上夹点，向右移动到左辅助线上端点。

（6）删除 3 条辅助线完成扬声器外梯形的绘制。

（7）复制该梯形图到其下方，并旋转 90°，然后在左侧画一个 300×400 的长方形。

（8）选中长方形，捕捉右边线中点为基点，移动到矩形短边中点位置，得到喇叭的基本图形。

（9）选中喇叭图形，利用"缩放"命令进行调整，缩放比例为 0.35。

（10）选中小喇叭图形，结合"对象捕捉追踪"模式（关闭"正交"模式），将图形移动到矩形内、靠近底边的位置，即可完成扬声器图形的绘制，并将其保存为图块。

4．手动报警按钮消防电话插孔的绘制

手动报警按钮消防电话插孔的绘制过程如图 5-30 所示。

（1）用"矩形"命令绘制一个 600×600 的正方形。

（2）用"直线"命令捕捉上、下边中点，画一条垂直中心线。

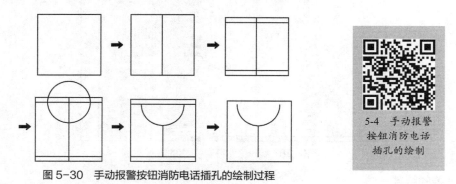

图 5-30　手动报警按钮消防电话插孔的绘制过程

（3）用"分解"命令打散矩形，再利用"偏移"命令将上、下两条边向内偏移 50，得到两条辅助线。

（4）用"圆"命令捕捉十字交叉点为圆心，画一个半径为 200 的圆。

（5）用"修剪"命令将多余线段剪去并删除辅助线，完成手动报警按钮消防电话插孔的绘制，并将其保存为图块。

5. 感温探测器的绘制

感温探测器的绘制过程如图 5-31 所示。

（1）用"矩形"命令绘制一个 600×600 的正方形。

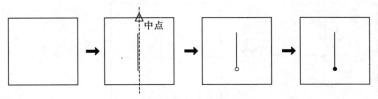

5-5 感温探测器的绘制

图 5-31　感温探测器的绘制过程

（2）用"直线"命令，通过"对象追踪"模式，结合"正交"模式，在正方形内部上边中点下方单击确定第一点，并画一条垂线。

（3）单击"圆"命令，捕捉直线下端点为圆心，画一个半径为 20 的圆即可完成感温探测器的绘制，并将该图形保存为图块。

6. 消火栓按钮的绘制

消火栓按钮的绘制过程如图 5-32 所示。

（1）用"矩形"命令绘制一个 600×600 的正方形。

（2）利用"圆"命令，在圆心选择命令行中输入"2p"，捕捉正方形上边中点为第一个切点、下边中点为第二个切点，完成相切圆的绘制。

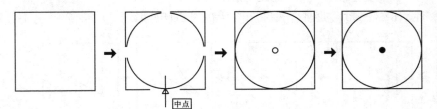

5-6 消火栓按钮的绘制

图 5-32　消火栓按钮的绘制过程

（3）继续"圆"命令，捕捉大圆圆心为圆心，画一个半径为 20 的圆。

（4）调用"填充"命令，选择"SOLID"图案对圆进行填充，即可完成消火栓按钮图形的绘制，并将该图形保存为图块。

7. 感烟探测器的绘制

感烟探测器的绘制过程如图 5-33 所示。

（1）用"矩形"命令绘制一个 600×600 的正方形。

（2）用"直线"命令捕捉左右两边中点，画一条中心线。

（3）继续使用"直线"命令，在靠近右上角的位置确定第一点，向中心线左端点移动确定第二点，第三点为中心线的中点。

5-7 烟感探测器的绘制

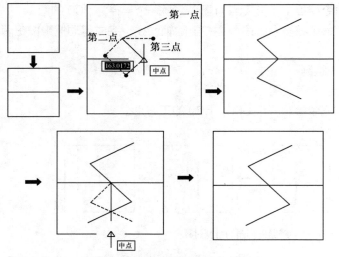

图 5-33　感烟探测器的绘制过程

（4）利用"镜像"命令，选折线为镜像对象，得到 x 轴对称图形。

（5）继续"镜像"命令，选下面的折线为镜像对象，得到其 y 轴对称图形，就完成了感烟探测器图形的绘制，并将该图形保存为图块。

8．气体探测器的绘制

气体探测器的绘制过程如图 5-34 所示。

（1）用"矩形"命令绘制一个 600×600 的正方形。

（2）调用"直线"命令，在靠近右边线的位置画一条垂线。

（3）继续"直线"命令，捕捉垂线下端点，画出两条斜线。

（4）用"圆"命令捕捉垂线下端点为圆心，绘制一个半径为 20 的圆。

5-8　气体探测器的绘制

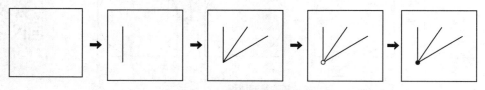

图 5-34　气体探测器的绘制过程

（5）调用"填充"命令，选择"SOLID"图案对圆进行填充，即可完成气体探测器图形的绘制，并将该图形保存为图块。

（三）绘制消防报警系统平面图

根据消防报警工程规范，得到每间房屋应放置的设备及其数量，然后将前面绘制的各个模块插入建筑平面图的相应房间相应位置上，如图 5-35 所示。

（1）根据设备类型及其连接要求，兼顾弱电工程施工要求，使用"直线"命令将各设备用线条连接。如有交叉线路时，其中一条断开，以表示两条线路无连接，如图 5-36（a）所示。

（2）在线路旁边注明线路类型名称、编号，编号有"FS""FG""FH""3""4""5""7"几种，标注数字编号时要在线路上画一条短斜线，如图 5-36（b）所示。全部完成的平面布置图如图 5-2 所示。

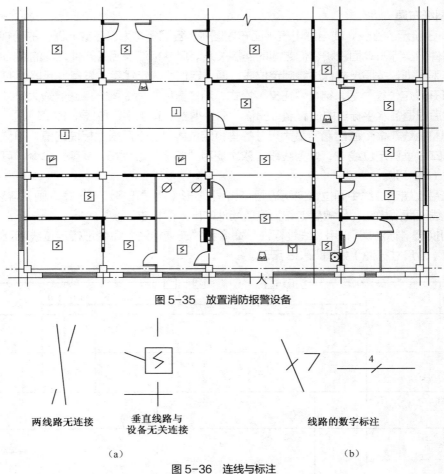

图 5-35　放置消防报警设备

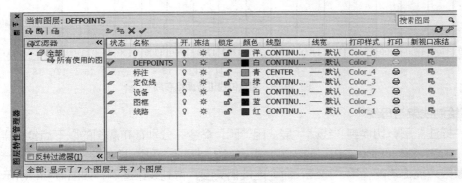

两线路无连接　　　垂直线路与　　　　　　　　线路的数字标注
　　　　　　　　　设备无关连接

（a）　　　　　　　　　　　　　　　　　　（b）

图 5-36　连线与标注

三、35kV 变电站电气平面布置图绘制

（一）设置绘图环境

打开系统后将新文件保存为"35kV 变电站平面布置图.dwg"。选择下拉菜单"格式"→"图层"命令，按图 5-37 所示建立"标注""定位线""设备""图框""线路"5 个图层（其中，"0"和"DEFPOINTS"为系统图层），并将各图层设定为不同颜色，以便绘图时识别，有助于提高绘图效率。

图 5-37　新建图层

（二）图纸布局

在图 5-3 所示的 35kV 变电站电气平面布置图中，各图例均为设备或元器件的俯视图，表明各设备及元器件的实际占地面积和它们之间的连接关系。尺寸标注表明各元件之间的实际电气距离。

分析整张图纸，按照尺寸标注绘制定位线，通过定位线确定线架、设备、元器件的布局。

（1）打开"定位线"层，结合"正交"模式，用"直线"命令画一条涵盖最大尺寸的水平线定位线 A，然后根据各水平标注的值，用"偏移"命令得到所有水平定位线（10 条）。

（2）用"直线"命令画出涵盖最大尺寸的垂直定位线 1，然后根据标注的值，用"偏移"命令得到右侧第二根垂直定位线 2，修剪线段，依次使用"偏移"命令和"修剪"命令，可以得到所有垂直定位线（19 列）。

（3）在最上端定位线中间位置向两边画 4 个小矩形（用"正多边形"命令画，容易对中）；在最左端定位线画两短横线，修剪后，作为设备场地的出入门标志。

（4）切换至"标注层"，用"线性标注"命令和"连续标注"命令进行定位线标注。画好的定位线布局图（含尺寸标注）如图 5-38 所示。

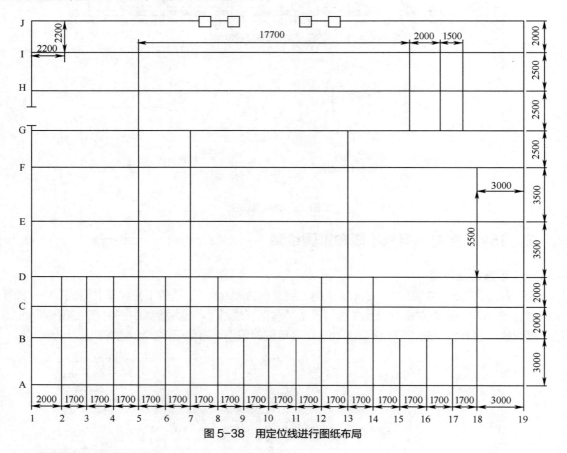

图 5-38　用定位线进行图纸布局

（三）绘制线架与母线

关闭"标注"层，切换到"线路"层。用"圆"命令，分别在布局图的以下点位画半径为 250 的圆：B2、D2、D4、D6、D8、D12、D14、D18、B18、G5、I5。绘制结果如图 5-39 所示。

结合象限点捕捉功能，用"直线"命令连接相关圆，得到线架图例，如图 5-40 所示。

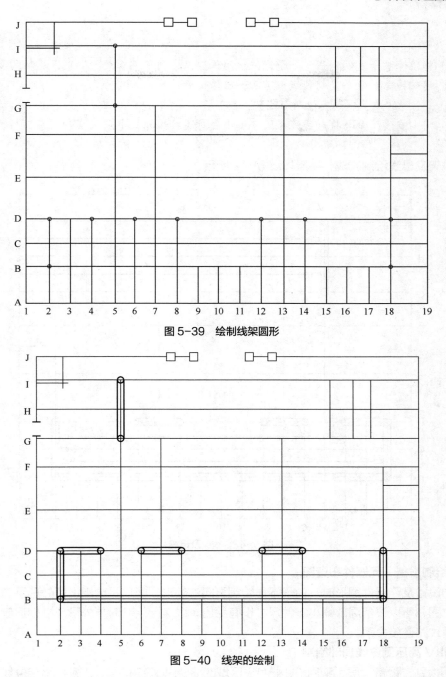

图 5-39　绘制线架圆形

图 5-40　线架的绘制

下面绘制线架绝缘端子。用"矩形"命令画一个 600×300 的长方形；用"直线"命令，第一点捕捉矩形左侧边线中点，向左画一条长 200 的直线，如图 5-41 所示，并将该图形定义成块。

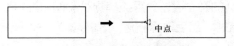

图 5-41　母线绝缘端子

将绝缘端子复制到 3 个垂直线架上。

注意：

① 将绝缘端子复制到任意一个线架中间位置上，利用"正交"模式，复制到上面；

② 用"镜像"命令复制到线架下面，以保证对称性；

③ 3 个一组地复制到其他两个线架；

④ 用"直线"命令将母线绝缘端子水平成对连接（捕捉中点）。

此时线架及母线绘制完成，结果如图 5-42 所示。

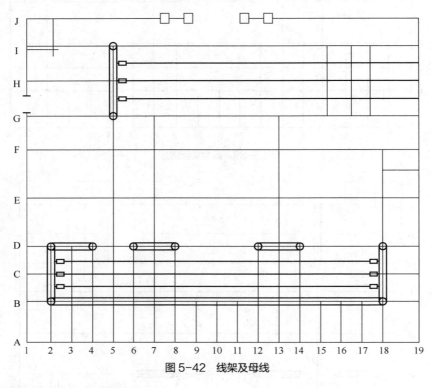

图 5-42　线架及母线

（四）绘制设备、元器件布置图

在绘制设备及元器件图形时，由于不是绘制真实的外形，而只是给出设备外形示意图以及连接元器件示意图，所以设备局部细小零件尺寸没有给出，以实际绘制时与外形尺寸相适应即可，主要是表示清楚线路连接关系。

1. 35kV 高压侧进线局部绘制

（1）切换到"设备"层，利用 G14-I18 区域的 3 条垂直定位线、3 条水平定位线以及两条母线来绘制 35kV 侧进线局部图。绘制过程如图 5-43 所示。

① 将"定位线"层和"线路"层锁定，用"窗口缩放"命令放大 G14-I16 区。在第一条垂直定位线两端点绘制半径为 250 的圆，通过象限点捕捉绘制两条连接线；复制图 5-41 画好的绝缘端子到母线与右侧连接线的交点处，然后选择右边 3 个绝缘端子，通过"镜像"命令得到左边对称的3 个绝缘端子，得到图 5-43（a）。

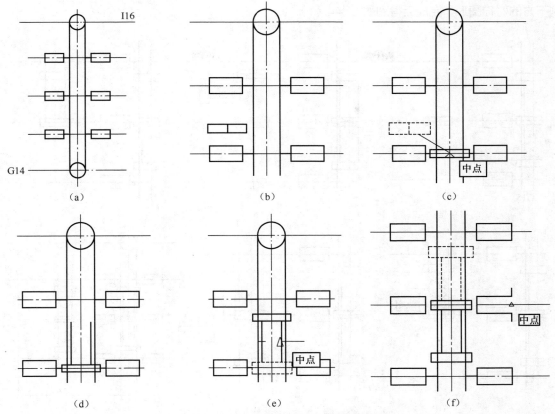

图 5-43　35kV 高压侧进线线架的绘制过程

② 在附近画一个如图 5-43（b）所示的 700×150 的矩形，连接上、下边中点。

③ 选中该矩形及其中线，捕捉中线的中点，用"移动"命令将图形移到定位线与第二条母线的交点处，如图 5-43（c）所示。

④ 用"直线"命令，结合"正交"模式、最近点捕捉画出一条直线，通过垂直定位线镜像得到另外一根直线，如图 5-43（d）所示。

⑤ 将 700×150 的矩形以两直线中点连线为镜像线，得到另外一个矩形，如图 5-43（e）所示。

⑥ 然后选中上面的矩形及其连线，以第二条母线为镜像线，得到下方的对称图形，完成图 5-43（f）所示的进线线架的绘制。

（2）用"窗口缩放"命令放大 G15-I17 区。高压侧母线端子的绘制过程如图 5-44 所示。

① 用前面相同的方法，在第二条垂直定位线和第二条母线交点画一个 600×150 的矩形，矩形中心对齐该交点，得到图 5-44（a）。

② 利用"复制"命令，在图 5-44（b）所示位置处复制矩形。

③ 用"直线"命令结合"正交"模式、最近点捕捉画出一条直线，通过垂直定位线镜像得到另外一条直线，如图 5-44（c）所示。

④ 利用"圆"命令，在两个长方形中间的垂直定位线上选一点为圆心，捕获垂足，确定后画一个与两直线相切的圆，如图 5-44（d）所示。

⑤ 按照图 5-44（e）所示虚线部分，选中矩形、两条直线和圆，以第二条母线为镜像线，得

到下方的对称图形，完成后得到图 5-44（f）。

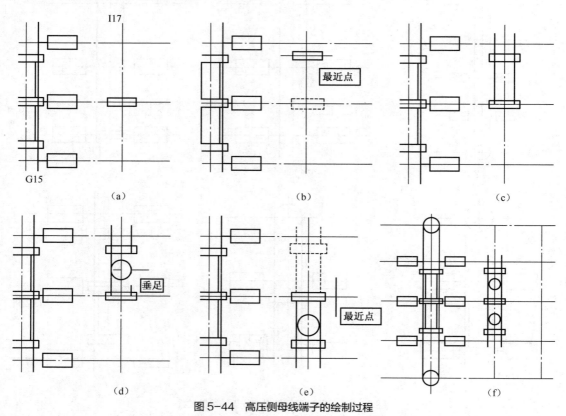

图 5-44 高压侧母线端子的绘制过程

（3）用"窗口缩放"命令放大 G17-I18 区，35kV 高压侧进线站备用变压器的绘制过程如图 5-45 所示。

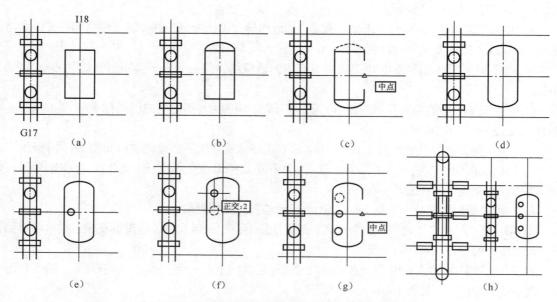

图 5-45 35kV 高压侧进线站备用变压器的绘制过程

① 用前面相同的方法，在第三条垂直定位线和第二条母线交点画一个 900×1 500 的矩形，矩形中心对齐该交点，得到图 5-45（a）。

② 用"圆弧"命令，捕捉矩形左顶点、定位线上最近点、矩形右顶点为圆弧线的 3 点，画出一条弧线，得到图 5-45（b）。

③ 以第二条母线为镜像线得到连接矩形一端的弧线，如图 5-45（c）所示。

④ 利用"分解"命令，将矩形打散，删去上下两边，得到图 5-45（d）。

⑤ 利用"圆"命令，在垂直定位线和左侧直线之间的母线上选一点圆心画一个半径为 100 的圆，如图 5-45（e）所示。

⑥ 结合"正交"模式，复制圆到第一个圆的正上方，得到图 5-45（f）。

⑦ 以第二条母线为镜像线，得到下侧对称圆，如图 5-45（g）所示。绘制好的 35kV 高压侧进线站备用变压器部分如图 5-45（h）所示。

（4）画 35kV 高压侧进线部分设备跳线。用"窗口缩放"命令放大 G14-I18 区，显示高压进线右侧部分。

① 先在第一、第三条母线上画 4 个半径为 100 的圆。

② 用"圆弧"命令（圆弧第一点、第三点分别捕捉圆的象限点与线架矩形短边的中点）将圆与线架相连接，右侧两条连接线用直线（捕捉圆的象限点与线架矩形短边的中点）。

③ 解锁"线路层"，利用"修剪"命令，将母线在连接件、线架内的线段剪去。绘制过程如图 5-46 所示。

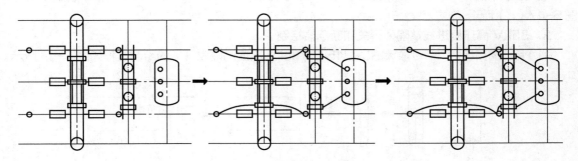

图 5-46　35kV 高压侧进线跳线的绘制过程

（5）用"窗口缩放"命令放大 G4-I7 区，显示 35kV 高压进线左线架部分。其绘制过程如图 5-47 所示。

① 单击"正多边形"命令，命令行内边数输入 3，接着输入参数 e，指定母线 H 与线架的两个交点为正三角形指定边的端点，用"直线"命令画一条从三角形右下顶点出发的中心线，如图 5-47（a）所示。

② 选中正三角形，用"移动"命令单击中心线中点，捕捉定位线交点或三角形底边中点，确定移动，删除中心线；用"圆"命令捕捉定位线交点为圆心，捕捉侧边中点确定圆的半径和位置，得到图 5-47（b）。

③ 选中正三角形及内部的圆，使用"复制"命令单击圆心，向上、下移动到定位线与母线交点，如图 5-47（c）和图 5-47（d）所示。

④ 在第一条母线绝缘端子右侧画一个半径为 60 的圆，用"SOLID"图案填充，接着使用"圆弧"命令，分别捕捉圆下象限点、三角形底边中点作为第一点、第三点，得到图 5-47（e）。

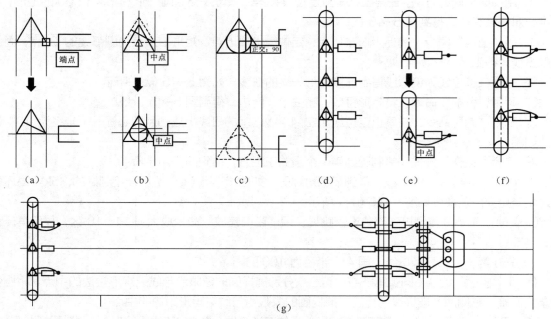

（a）　　　　（b）　　　　（c）　　　　（d）　　　　（e）　　　　（f）

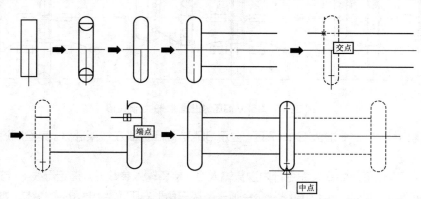

（g）

图 5-47　35kV 高压侧母线及进线部分的绘制过程

⑤ 使用"镜像"命令得到第三条母线绝缘端子接线，如图 5-47（f）所示。最后的绘制结果如图 5-47（g）所示。

2．35kV 高压侧进线端隔离开关和断路器绘制

（1）用"窗口缩放"命令放大 E5-H15 区。35kV 高压侧隔离开关的绘制过程如图 5-48 所示。

图 5-48　35kV 高压侧隔离开关的绘制过程

① 用前面介绍的方法，画一个 150×550 的矩形并将其移至 G7 点。

② 捕捉短边中点与端点画圆。

③ 用"剪切"命令剪去矩形内的半圆，用"分解"命令分解矩形，删去两条短边。

④ 捕捉最近点，画一条长为 800 的直线，用"镜像"命令，以定位线为镜像线，得到下方对称直线。

⑤ 选中矩形及其弧线，单击"复制"命令，用"对象捕捉追踪"模式得到基点，捕捉端点确定。

⑥ 选中右侧矩形及其弧线、两条水平线，以中间两弧线中点连线为镜像线得到左侧对称图形，

完成高压侧隔离开关的绘制。

（2）35kV 高压侧断路器的绘制过程如图 5-49 所示。

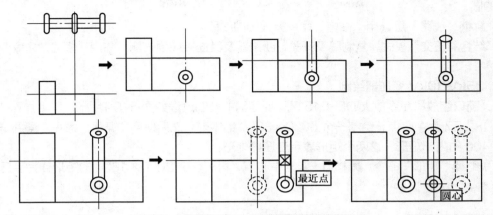

图 5-49　35kV 高压侧断路器的绘制过程

① 绘制一个 1400×860 的矩形，上边中点在 F7 点。捕捉矩形左下端点，继续绘制一个 110×530 的矩形。

② 在矩形内部的定位线上选一点为圆心，画半径为 135、50 的两个同心圆。

③ 捕捉圆上的点画直线，并镜像得到另一条直线。

④ 利用"椭圆"命令，在直线上部画一个适合的椭圆。

⑤ 捕捉椭圆圆心，画一个半径为 30 的圆。

⑥ 选中该部分图形，打开"正交"模式，复制到右侧。

⑦ 再使用"镜像"命令，以定位线为镜像线得到左侧对称图形。

5-9　椭圆的绘制

（3）隔离开关和断路器的连接绘制过程如图 5-50 所示。

图 5-50　隔离开关和断路器的连接绘制过程

① 用"直线"命令，捕捉中点和象限点完成隔离开关和断路器的连接。

② 继续"直线"命令，捕捉中点、垂足，画出隔离开关和母线的连接，在连接线交点处画半径为 50 的圆。

③ 解锁"线路"层，用"修剪"命令剪去圆内线段。

④ 结合"正交"模式，复制隔离开关、断路器及其连接线到右侧，并用"修剪"命令剪去圆内线段。

3. 35kV/10kV 变压器绘制

用"窗口缩放"命令放大 D5-F15 区。变压器的绘制过程如图 5-51 所示。

（1）以 E7 为中心点，绘制一个 5000×3800 的矩形，然后使用"偏移"命令，得到一个偏移距离为 400 的内部矩形，这两个矩形表示变压器外形。

（2）继续"矩形"命令，同样以 E7 为中心点，再画一个 2000×1600 的矩形作为变压器线圈铁心。

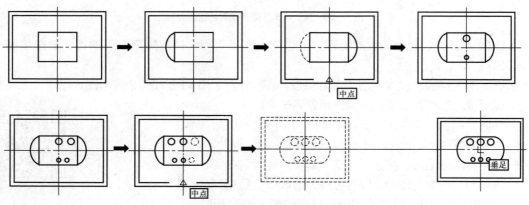

图 5-51　变压器的绘制过程

（3）使用"圆弧"命令，选铁心矩形左上端点、定位线 E 上的最近点、矩形左下端点为圆弧的 3 个定位点。

（4）使用"镜像"命令得到右侧圆弧（矩形上下边中点连线为镜像线）。

（5）在定位线 7 靠近铁心矩形上边绘制一个半径为 200 左右的圆、下边绘制一个半径为 125 左右的圆，作为中间接线柱。

（6）结合"正交"模式，分别复制大小接线柱圆到右边适合位置。

（7）选中右端接线柱，用"镜像"命令得到左端接线柱（矩形上、下边中点连线为镜像线）。

（8）结合"正交"模式复制整个变压器图形到右侧位置，复制并单击 E7 点。

关闭"正交"模式，用"直线"命令，捕捉断路器接线端子圆和变压器原边接线柱圆的象限点，绘制断路器与变压器的连接线路，如图 5-52 所示。

4. 10kV 出线局部绘制

（1）先画变压器到 10kV 母线的出线断路器，绘制过程如图 5-53 所示。用"窗口缩放"命令放大 C5-E9 区。

① 绘制一个 1100×500 的矩形，并画一条垂直中心线。

② 在中心线上端画一个 100×100 的正方形，并复制到右端边线处，然后镜像到左边线处。

③ 选中所有小方形，镜像到矩形下边。

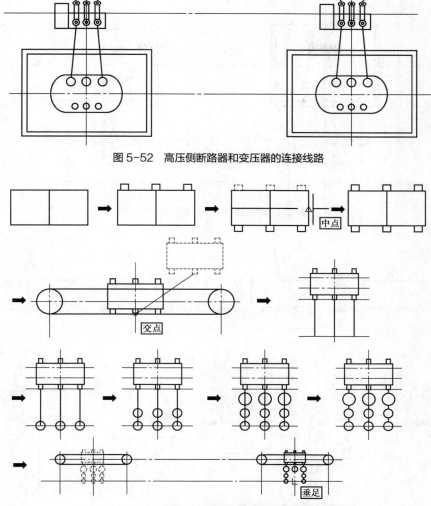

图 5-52 高压侧断路器和变压器的连接线路

图 5-53 变压器到 10kV 母线出线断路器的绘制过程

④ 删除中心线，选中所有图形，用"移动"命令，并单击下部中间方块的下边中点，移动到定位线 7 与线架下边交点处。

⑤ 使用"直线"命令，结合"正交"模式从小方块下线中点出发画 3 条到出线端第一条母线垂点的连线。

⑥ 捕捉连线下端点为圆心，画一个半径为 100 的圆并结合"正交"模式复制到上端合适位置。

⑦ 再画一个半径为 150 的圆，圆心与其他圆在一条垂线上，并使用"修剪"命令剪去圆内线段。

⑧ 选中该断路器全部图形，结合"正交"模式复制到 D13 位置（基点捕捉 D7）。

（2）用"直线"命令，捕捉小方形上边中点、变压器副边出线端子圆的下象限点，绘制连接线路，结果如图 5-54 所示。

（3）用"窗口缩放"命令放大 A1-C4 区，绘制 4 个出线端断路器。整个出线断路器设备的绘制过程如图 5-55 所示。

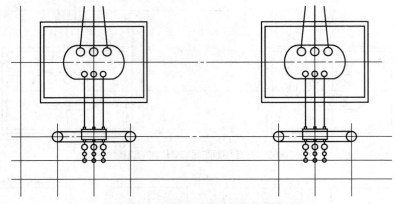

图 5-54　变压器与出线侧断路器连接线路

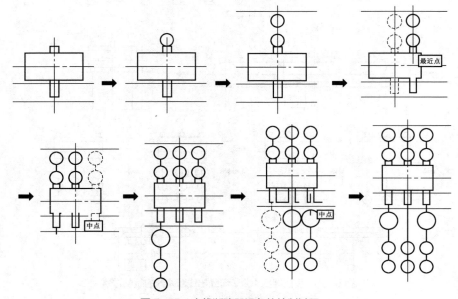

图 5-55　出线断路器设备的绘制过程

① 绘制一个 800×400 的矩形，矩形中心点在定位线 3 与出线线架上边交点处。

② 在矩形上边中点画一个 100×100 的正方形，下边画一个 100×240 的矩形，中点对齐。在上面正方形上端画一个半径为 100 的圆，圆心在定位线 3 上方，并与正方形相交，再用"修剪"命令剪去圆内线条。

③ 捕捉圆上象限点，用"正交"模式画一条短线，结合"正交"模式复制圆到短线端点。

④ 选中矩形上部全部图形，结合"正交"模式复制到右端，然后镜像到左边。

⑤ 用同样的方法绘制矩形下侧第一路图形，大圆半径为 150，小圆半径为 100。

⑥ 将该路图形结合"正交"模式复制到中路、右路，复制时要结合"对象追踪"模式保证与上面相应线路在一个垂直位置上。

⑦ 将中路的大圆删除，并延伸直线与第二个圆相交。

（4）选中断路器全部图形，结合"正交"模式，使用"复制"命令，捕捉断路器矩形中心点为基点，分别复制到定位线 5、9、11、15、17 上，即得到出线端母线所有断路器，如图 5-56 所示。

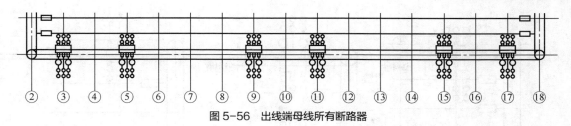

图 5-56　出线端母线所有断路器

（5）局部放大 A9-D11 区，绘制出线侧线架，绘制过程如图 5-57 和图 5-58 所示。

① 捕捉 B10 为圆心，根据上、下母线确定圆半径并绘制一个圆；选中圆，结合"正交"模式向正上方复制到定位线 D。

② 使用"直线"命令连接上、下圆的左右象限点和圆心。在连接线中间位置使用"圆"命令，在命令行输入"2p"，然后单击定位线 C 和圆心连线、右象限点连线的交点画一个圆。

③ 用"镜像"命令得到左侧对称图形。

④ 结合"正交"模式复制两个小圆到上端、下端相应位置上。

⑤ 复制前面画的绝缘端子，捕捉绝缘端子左端点为基点，连续复制到线架右侧母线交点处。

⑥ 用"镜像"命令得到线架左侧对称图形。

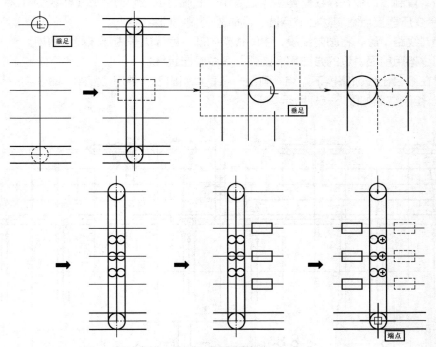

图 5-57　10kV 出线侧线架的绘制过程（一）

（6）出线侧线架上断路器的画法如图 5-58 所示。

① 复制出线侧断路器图形，捕捉矩形中心点为基点，向上移动到图 5-58 所示位置。

② 对该断路器图形使用"旋转"命令，基点仍然为矩形中心点，方立转角度为 180°。

③ 删除上端第一行、第三行的 5 个圆。

④ 将缺口线路直线向下延伸与对应直线相交。

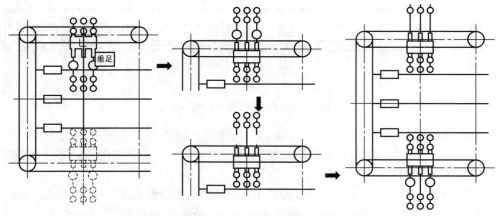

图 5-58 10kV 出线侧线架的绘制过程（二）

（7）绘制出线侧断路器与母线的连接线路。

① 保持"正交"模式，连续使用"直线"命令，画母线的垂线，将出线侧 9 台断路器与母线相连。

② 使用"复制"命令在各线路连接点处复制前面画过的空心节点圆（半径为 100），注意左边垂线上的两台变压器接点复制实心节点圆，同时外侧接线倾斜绘制。

③ 解锁"线路"层，将圆内线段、中间线架内部、绝缘端子内部线段修剪掉。

④ 中间线架用前面讲过的方法用"圆弧"命令画出跳线。

⑤ 最后在 6 台出线断路器下端点，画出一条垂直引出线，并用"复制"命令完成其他 17 条引出线的绘制。绘制结果如图 5-59 所示。

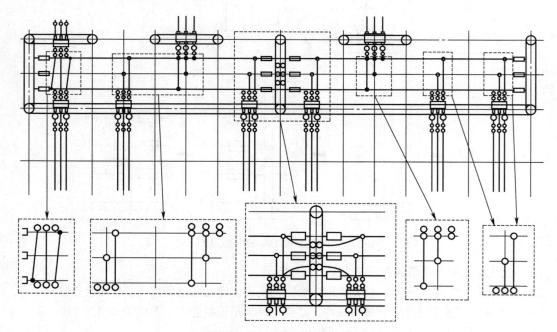

图 5-59 出线侧设备与母线的连接

5．其他部分的绘制

（1）用"窗口缩放"命令放大 C1-F5 区，在断路器正上方画一个 3400×4000 的矩形（矩形对角线交点在 E3 点），然后使用"单行文字"命令在矩形内写入"电容器棚"；使用"直线"命令，结合"正交"模式，画出断路器与电容器棚的连接线。绘制过程如图 5-60 所示。

（2）复制 B2 处的圆，以圆心为基点，捕捉 B4、B6、B7、B8、B12、B13、B14、B16 点完成圆的绘制；在 B7 和 B13 位置上圆心中间和两边分别绘制细长的长方形。线架绘制结果如图 5-61 所示。

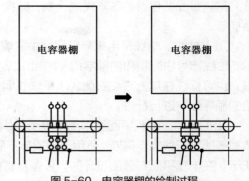

图 5-60　电容器棚的绘制过程

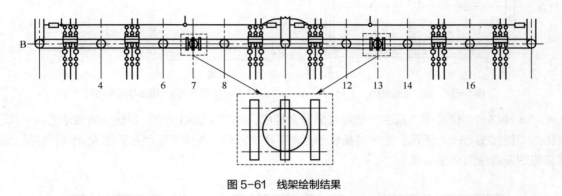

图 5-61　线架绘制结果

拓展知识

一、建筑平面图识图的基本知识

绝大多数的电气平面布置图都与建筑物的布局和尺寸有关，如本项目中的图 5-1 和图 5-2 所示；部分是室外布置的电气设备，只需根据场地大小给出设备自身布置方式和尺寸即可，如图 5-3 所示。摆放在室内的电气设备要根据建筑物的结构和尺寸来进行布置设计，所以电气工程人员必须能够识读标准的建筑平面图。

一般来说，建筑物有几层，就应包括几张平面图，并在图的下方注明图名，如底层平面图、二层平面图等。如果上下各层的房间数量、大小和布置都一样，则相同的楼层可用一张平面图表示，该平面图就称为标准层平面图。如建筑平面图左右对称，也可将两层平面图画在同一张图纸上，左边画出一层的一半，右边画出另一层的一半，中间用一对称符号作分界线，并在图的下方分别注明图名。

建筑平面图图幅与电气图一样，有 A0、A1、A2、A3、A4、A5 规格，其图框线和标题栏绘制相关规定也与电气图相同。建筑平面图常用绘图比例是 1∶200、1∶100、1∶50，并通过定位轴线来标定房屋中的墙、柱等承重构件位置。

（一）主要构造和配件图例

建筑平面图包含的基本组成元素，即构造和配件图例，主要有轴线、墙体、支柱、门体、窗体、楼梯等。

（1）轴线。轴线是用来标定房屋中的墙、柱等承重构件位置的，也称定位轴线，如图 5-62 所示，轴线标号由圆圈和内部字母/数字组成，一般标注在图样的下方与左侧，对于复杂或不对称的图样，也可标注在其上方和右侧。水平轴线编号以字母排列顺序进行标注，垂直轴线编号一般从 1 开始的顺序数字进行标注。

（2）墙体。建筑平面图中用来表示墙体的是两根平行线，一般用列表说明墙体填充材料；比墙体稍细的平行线表示隔断，适用于到顶与不到顶的各类材料的隔断。其墙体与隔断的图例如图 5-63 所示。在电气平面布置图设计时，设备及其线路可以沿墙敷设、穿墙设计或贴顶敷设。

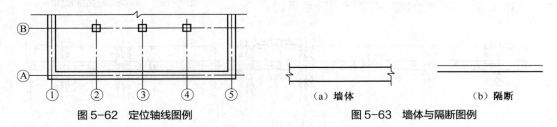

图 5-62　定位轴线图例　　　　　　　　　　图 5-63　墙体与隔断图例

（a）墙体　　　　　　（b）隔断

（3）楼梯。任何高于 1 层的建筑物必须设有楼梯，除了底层和顶层，其他层的表示方法一样。楼梯的图例如图 5-64 所示，图中箭头表示上、下楼梯方向。在电气平面布置图设计时，设备及其线路的敷设应避免穿越楼梯。

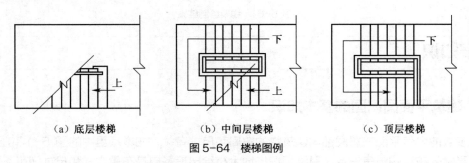

（a）底层楼梯　　　　　（b）中间层楼梯　　　　　（c）顶层楼梯

图 5-64　楼梯图例

（4）门体。建筑平面图中常见的门体图例如图 5-65 所示，一般以 45°的斜线表示，也可用 90°开度的直线来表示，但同一项目中表示方法要统一。在电气平面布置图设计时，设备线路可以沿门体上端敷设或穿墙设计，而设备不能摆放在门线所示的开度范围内。

（5）窗体。建筑平面图中常见的窗体图例如图 5-66 所示，用与墙等宽并加了两条线的矩形来表示。在电气平面布置图设计时，设备线路可以沿窗体上端敷设或穿越设计。

（a）单扇门　　　　　　　　　（b）双扇门

图 5-65　门体图例　　　　　　　　　　　　图 5-66　窗体图例

（6）其他图例。建筑平面图中其他的一些常用图例的名称、说明如表 5-1 所示。

表 5-1　建筑平面图常用图例

名　称	图　例	说　明
柱	□　■	正方形或长方形，空心或实心
墙上预留洞		虚线表示预留位置宽度
墙上预留槽		虚线表示槽宽度
烟道		墙体中设置的烟道形状可以是方形或圆形
通风口		墙体中设置的通风口形状可以是方形或圆形
检查孔		实线为可见孔，虚线为不可见孔
孔洞		方形孔洞、圆形孔洞
坑槽		方形坑槽、圆形坑槽

（二）建筑平面图专用标志

建筑平面图上，往往包含一些专用标志，用来提示建筑物的位置、方向、风向频率、标高、结构等信息，这些标志与电气设备的安装及线路的敷设密切相关。

（1）方位。方位是表示建筑物方位与朝向的，箭头方向表示正北方向，其标记如图 5-67 所示。

（2）风向频率。风向频率是根据建筑物所处地区多年统计出的各方向刮风次数的平均百分值，按照一定比例绘制出来的，其标记如图 5-68 所示。其中，实线表示全年的风向频率，虚线表示夏季（6～8 月）的风向频率。图示的风向频率标记显示该地区常年以西北风为主，夏季则以西北风和东南风为主。

（3）标高。标高分为绝对标高和相对标高。绝对标高又称作海拔，我国是以黄海平均海平面为零点来确定标高尺寸的；而相对标高是选定某一参考平面或参考点为零点而确定的高度尺寸。建筑平面图、电气平面图都采用相对标高，一般以室外某一平面或某层楼平面为零点来确定标高，又称作安装标高或敷设标高，其标记示意如图 5-69 所示。其中，图 5-69（a）用于室内平面图和剖面图上，表示高出室内某一参考点 2.5m；图 5-69（b）用于总平面图上的室外地面图，表示高出地面 6.1m。

图 5-67　方位标记

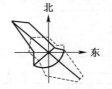

图 5-68　风向频率标记

图 5-69　安装标高示意

（三）建筑平面图示例

某高层办公楼部分平面图如图 5-70 所示。

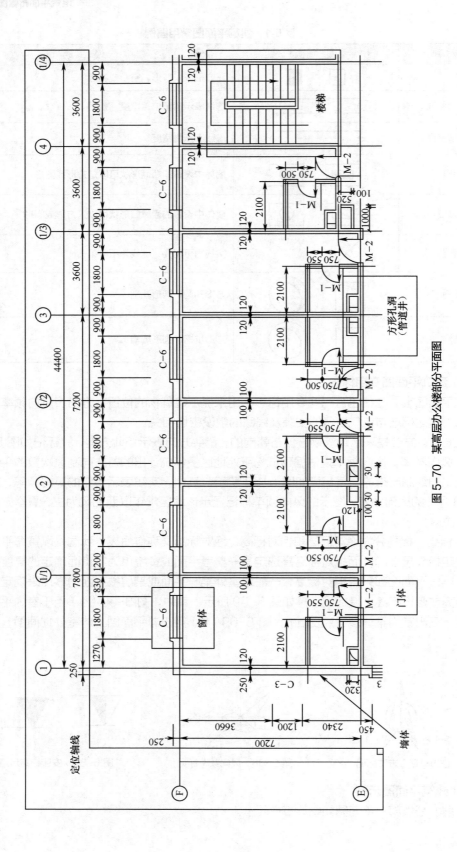

图 5-70 某高层办公楼部分平面图

二、简单建筑平面图的绘制

一般在进行电气平面布置图的绘制时，都是在建筑平面图上进行设计的。但有时也会遇到只有建筑平面图的图纸，所以电气工程人员应该具备典型建筑平面图绘制的能力。下面就以本项目中消防报警系统平面图内所示的建筑平面图为例，来讲解如何绘制典型的建筑平面图。为方便绘图，采用比例为1:1，即按照图纸尺寸来绘制。绘制步骤如下。

（1）打开 AutoCAD 2010 应用程序，绘制 A3 图框，建立文件"消防报警系统平面图.dwg"并保存。

（2）设置图层，将图层分为"轴线""墙线""门窗""图签""标注"5个图层。

（3）将"轴线"层置为当前图层，根据图纸标注尺寸，采用"直线"命令和"偏移"命令绘制轴线；打开"标注"图层，用连续标注对尺寸进行标注。轴线布置如图 5-71 所示。

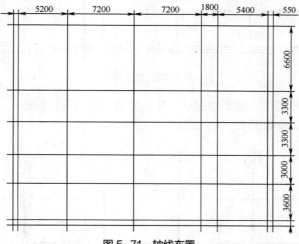

图 5-71 轴线布置

（4）绘制圆，并在圆内写入相应字母和数字作为轴线标号，复制并插入到相对应的轴线位置。改变线型比例设置，使轴线呈点画线的形态，如图 5-72 所示。

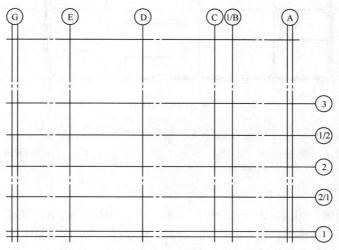

图 5-72 轴线标号绘制

（5）切换到"墙线"层。结合"正交"模式，用"直线"命令绘制外墙线和内墙线，外墙较宽，内墙较细，同时留出门的位置，如图 5-73 所示。注意墙线与轴线的对应关系。

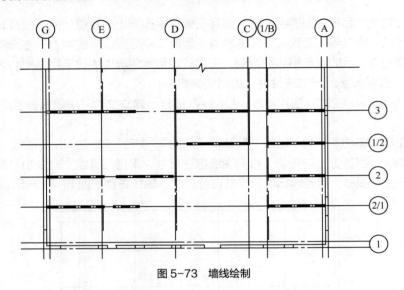

图 5-73　墙线绘制

（6）绘制一个小正方形作为建筑物的柱，并在图纸对应位置复制插入。插入后用"修剪"命令剪去柱内墙线，完成后效果如图 5-74 所示。

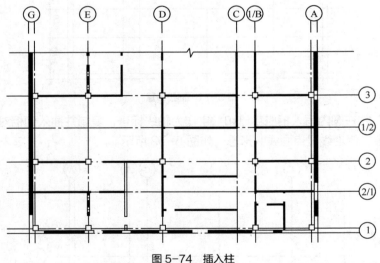

图 5-74　插入柱

> **注意：** 内墙和外墙的交接处可以通过选择下拉菜单"修改"→"对象"→"多线"命令进行修改，也可以通过将多线用"分解"命令打散，再用"剪切"命令进行修改，前一种方法比较简便。

（7）切换到"门窗"图层。在任意一个门位置，用"直线"命令和"圆弧"命令绘制一个 90°开度的门。取消"正交"模式，复制门的图形对象，依次插入各门的预留位置。根据图 5-66 所示窗的图例，在各窗位置的墙线处绘制窗的走线。

（8）根据绘图情况，采用 A3 图幅，预留装订尺寸，并绘制图框及标题栏。

全部图形绘制完的效果如图 5-75 所示。

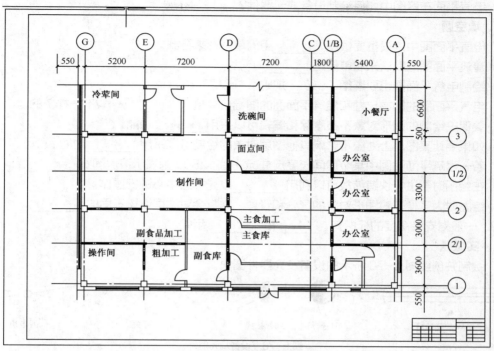

图 5-75　绘制好的建筑平面图

小结

　　本项目通过对变电所电气平面布置图（室内）、消防报警系统平面图、35kV 变电站电气平面布置图（室外）的分析，介绍了不同电气平面布置图的绘制与识图知识，并拓展介绍了与电气平面布置图设计相关的建筑平面图的基本知识。通过 3 张平面布置图的绘制，介绍了变电所常用设备及元器件，如变压器、绝缘端子、各类构架、隔离开关、断路器等的绘制方法，消防安全系统常用设备及元器件，如感温探测器、感烟探测器、消防栓按钮、报警器等的绘制方法；给出了利用尺寸线、定位线进行布局和定位以及绘制无尺寸图形的方法；体现了图层的作用；进一步展示了如何应用"复制""镜像"等绘图工具来提高绘图效率的方法。在拓展知识中，介绍了建筑平面图识图的基本知识，并给出了简单建筑平面图的绘制方法及过程。

自测题

一、简答题

1. 电气平面布置图属于俯视图还是侧视图？

2. 为何要对图层设置不同颜色？

3. 如何快速定位绘图点位置？

4. 绘图过程中，关闭图层操作和锁定图层操作各有何作用？

5. 如何快速缩放绘图窗口？

6. 如何利用尺寸信息绘制定位线？

7. 电气平面布置图中如何绘制设备或元器件？

二、填空题

1. 电气平面图中的设备要根据_____用简单图形来绘制。

2. 建筑平面图的默认米制单位是_____。

3. 绘制电气平面图也要遵循_____规则。

4. 电气平面图的图幅尺寸和建筑平面图的图幅尺寸是_____（一样/不一样）的。

5. 要保护绘制的图形对象不被删除和编辑可以采用_____功能。

6. 如果要让某图层上对象不影响其他图层对象的绘制可以采用_____功能。

7. 若一建筑平面图图中某个房间长度尺寸标注为 12800 则表示该房间长_____m。

8. 在绘图时要进行快速缩放可以利用_____以光标为中心进行操作。

9. 绘图时为了便于对图形对象的区分和管理，常常会对图层设置不同的_____。

10. 一般对安装高度的标识有_____和_____两种。

三、实做题

1. 绘制并创建图 5-76 所示的设备及元器件图块。

（a）荧光灯　　　（b）壁灯　（c）插座　　　（d）开关　　　（e）电扇

图 5-76　设备及元器件

2. 绘制并识读图 5-77 所示的某厂房照明平面图。

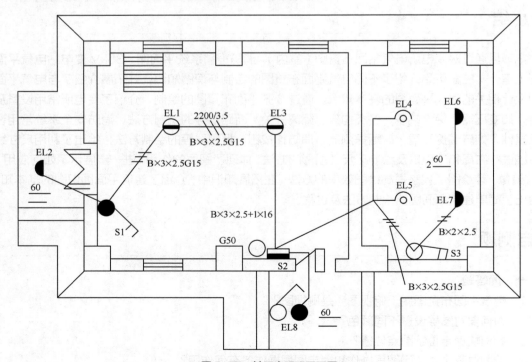

图 5-77　某厂房照明平面图

3. 绘制图 5-78 所示的配电室总平面布置图。

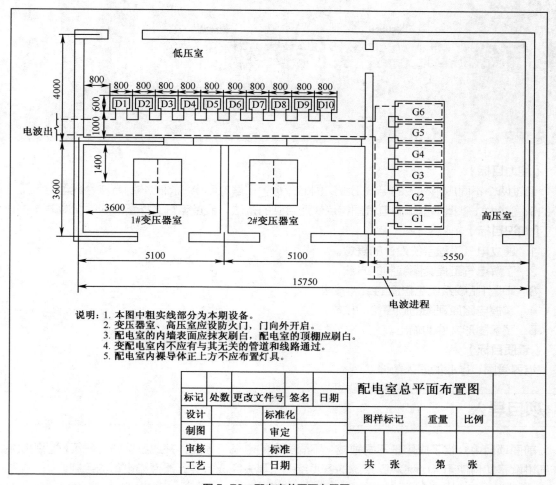

图 5-78　配电室总平面布置图

四、思考题

在本项目的绘图练习中，大家体会到了数据精准的重要性，现实世界中往往一个小疏忽会造成严重后果。1983 年 7 月 23 日加拿大航空 143 号航班自魁北克省蒙特利尔飞往阿尔伯塔省埃德蒙顿，起飞前地面工作人员误将英制计算时使用的换算参数代入公制计算式中，使原本应该加入 20088L 的燃料，只加入了 4916L。机长在核对时，仍然误用了相同的换算系数而且并未察觉，最后导致飞往埃德蒙顿的途中，两台发动机因燃油耗光而失去动力，所幸的是最后由于机长的高超技术和机组人员的努力，该客机在一个废弃的飞行基地成功滑翔降落。这个事例给我们的教训是什么？在学习中，我们如何做到严谨细致、精益求精呢？

项目六
电气CAD工程实践实例

06

【能力目标】

　　通过两个不同应用领域的电气工程实例的分析，了解成套电气图的编制方法，具备电气工程系统的识图能力，掌握根据不同电气图特点快速绘图的方法，具备电气工程套图的绘图能力。

【知识目标】

1. 建立电气工程系统设计的概念。
2. 了解电气工程套图编制的方法。
3. 掌握 PLC 系统工程图的绘制方法。
4. 掌握电路原理图的顺序绘图技能。
5. 了解图形文件的输出。

【素质目标】

培养爱国、敬业的匠人精神。

项目导入

　　前面项目中介绍了应用于不同领域、不同类型的电气工程图，并通过这些电气工程图的绘制，详细讲解了如何使用 AutoCAD 系统的各类绘图工具去完成各类元器件和设备的绘制。

　　本项目中导入了两个完整的电气工程项目的成套设计图，一是洗车机电气控制套图，二是龙门刨床电气控制套图。要求从系统的角度来了解工程项目的设计思路、电气图各图纸之间的关系；正确绘制标题栏并填写相关项目信息；应用前面项目中的绘图技能快速完成各类电气图绘制。

实例一　洗车机电气控制系统

　　洗车机是现代城市交通工具常见的清洁设备，按用途分，有轿车通用洗车机、巴士洗车机等；按结构分，有三刷洗车机、五刷洗车机；按控制方式分，有手动洗车机、自动洗车机等。本项目介绍的洗车机是为普通公共汽车、大型巴士服务的大型洗车设备，是一种可移动式全自动五刷洗车机，如图 6-1 所示。通过 1～4 号立刷的旋转与开合，进行汽车头部、尾部及两侧的清洗；通过横刷的旋转与升降，进行汽车顶部的清洗；可移动式轨道可以带动洗车装置从车头移动到车尾，完成全车的清洗工作。

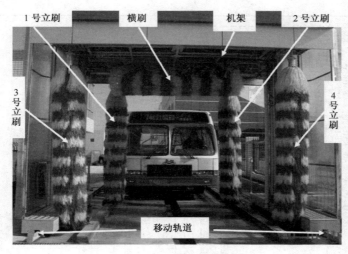

图 6-1　全自动五刷洗车机

一、洗车机电气控制设计思路及实现

本项目的全自动五刷洗车机要求提供两种洗车方式，即精洗和粗洗；提供两种控制方式，即手动和自动，以满足不同的洗车要求。例如，公共汽车每次进站可采用粗洗，或用手动进行局部清洗以节省时间，达到基本清洗的目的；特别脏或需要彻底清洗时，可以采用自动的精洗程序。

整个洗车动作的完成需要 14 台电动机来实现，其中 5 台分别带动 5 把刷子旋转，5 台分别带动立刷的开合及横刷的升降，2 台带动机架在轨道上的移动，除此之外还需要 2 台水泵进行供水（采取循环水水池蓄水）。因此，洗车机电气控制的任务就是按照洗车工序实现对 14 台电动机（含 2 台水泵）的控制。

洗车机系统采用 PLC 技术来实现控制，整套电气图共 10 张，分别为电气控制一次原理图、电气控制原理图（2 张）、PLC 输入/输出分配图（3 张）、电气接线图（3 张）和控制柜面板布置图。下面介绍前 4 种图的主要内容及功能。

（一）电气控制一次原理图

洗车机电气控制一次原理图简称一次图，是洗车机各电动机主回路的控制原理图，如图 6-2 所示。它包括 1～4 号立刷旋转电动机及立刷开合电动机，横刷电动机及横刷升降电动机，1 号、2 号水泵，1 号、2 号行走电动机（左机架行走、右机架行走）。其中左、右机架行走的 1 号、2 号电动机用一个 PLC 输出控制，保持机架同步运动；图中 1 号、2 号行走电动机各用两个电动机图标来表示接成三角形连接（低速前进）和双星形连接（高速后退）的状态，而非实际电动机台数。

（1）主回路电源。洗车机由三相交流总电源供电，由空气开关（断路器）QF 控制通断，如图 6-3 所示。这里交流电的三相用单线表示，并标上标号 L1～L3。

（2）立刷旋转及横刷控制电动机主回路（见图 6-4～图 6-6）。立刷及横刷控制电动机在图中用电动机的图例和文字 M 进行标识，电动机名称写在图例下方，运行时的功率标识在电动机下方。每个三相交流电动机的启动和停止均由接触器 KM 主触点控制，主触点如果过载，相电流会过大，热继电器 KH 可防止短路以保证电路安全。

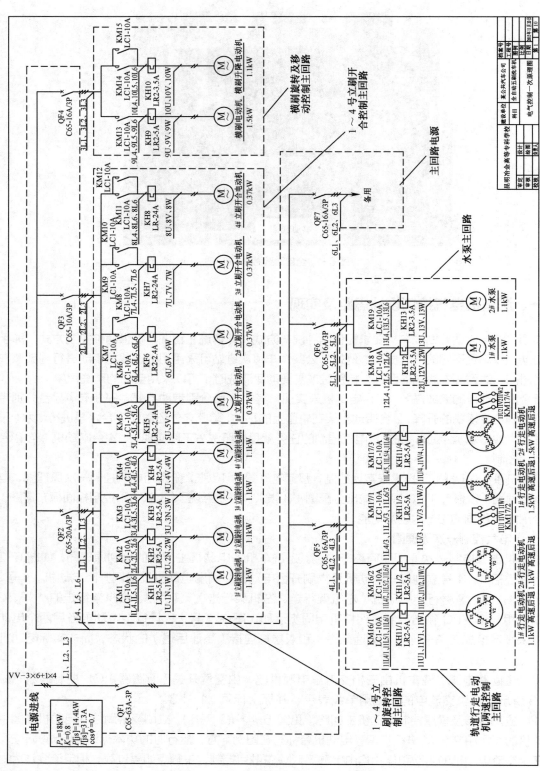

图 6-2　洗车机电气控制一次图

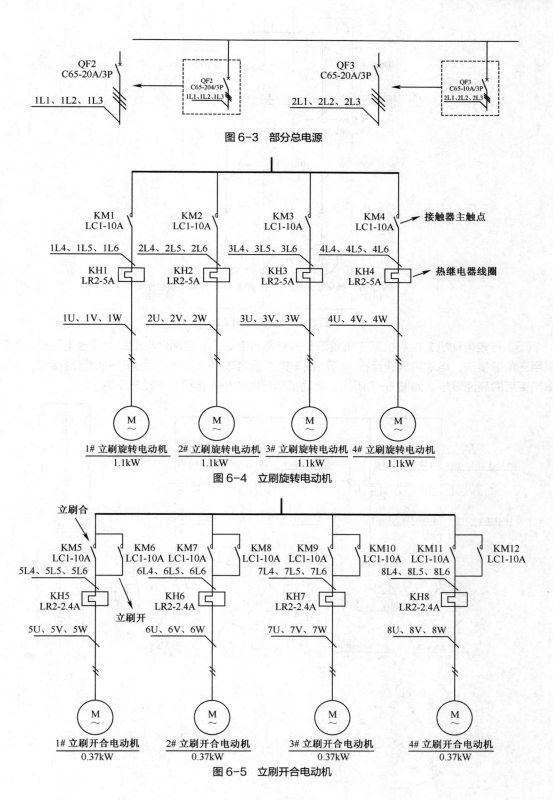

图 6-3　部分总电源

图 6-4　立刷旋转电动机

图 6-5　立刷开合电动机

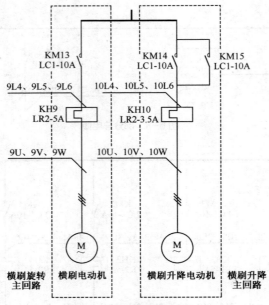

图 6-6　横刷控制电动机

（3）行走电动机。控制机架在轨道滚动的有两台电动机，这两台电动机为双速电动机，前行时采用三角形接法，电动机低速运行，带动洗车机靠近汽车进行工作；后退时采用星形接法，带动洗车结束后的高速复位，如图 6-7 所示。电动机运行时的功率标识在电动机下方。

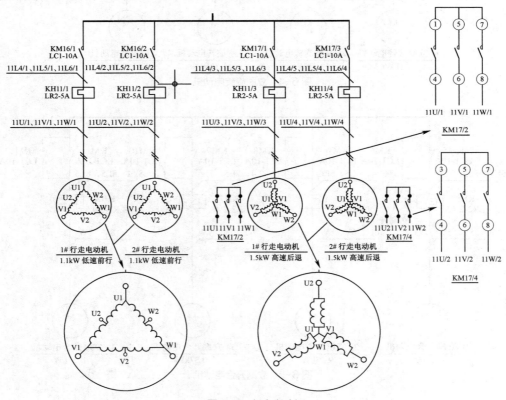

图 6-7　行走电动机

（4）水泵主回路及备用线路。水泵主回路及备用线路如图 6-8 所示。两台水泵通过接触器触点进行启动和停止的控制，并通过热继电器提供过热保护。水泵运行时的功率标识在电动机图标下方，同时在整个主回路上设置一个经过断路器的备用线路，为故障、临时设备等的添加提供接入点。

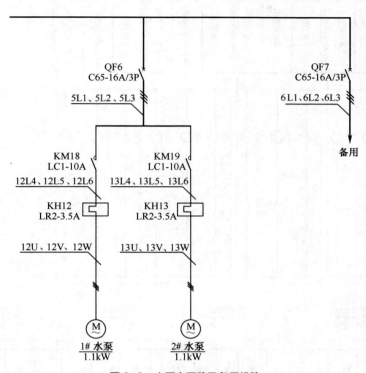

图 6-8　水泵主回路及备用线路

（二）电气控制原理图

洗车机电气控制原理图是洗车机控制回路中的继电器-接触器控制部分，主要根据 PLC 的输出信号对接触器及指示灯进行控制，每一条逻辑行右侧都有对该逻辑行功能的简单注释，虚线框中的是 PLC 的输出继电器。

第一张电气控制原理图是立刷旋转、开合电气控制的原理图，实现对 1～4 号立刷电动机、1～4 号立刷开合电动机的动作控制，如图 6-9 所示。

第二张电气控制原理图是横刷旋转和开合、水泵启停、车架低速前行和快速后退、系统启停及报警的电气控制，实现对 2 台横刷电动机、2 台水泵电动机、2 台轨道电动机的动作控制，如图 6-10 所示。

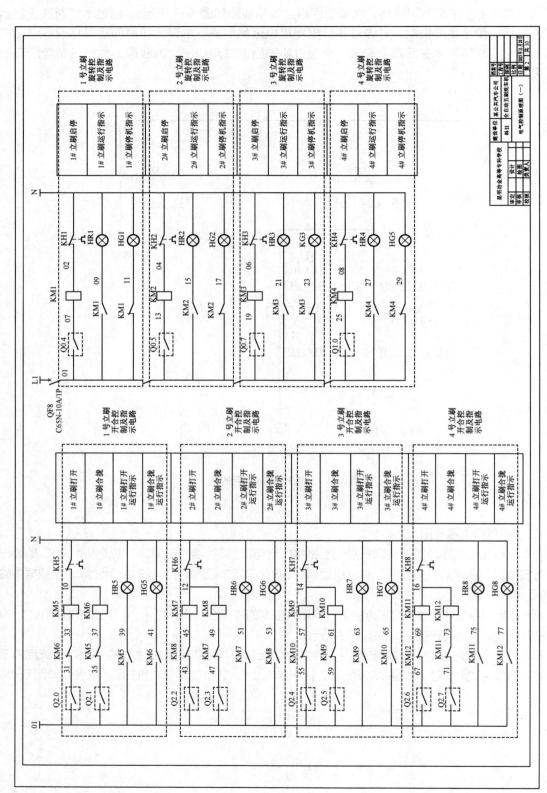

图 6-9 洗车机电气控制原理图（一）

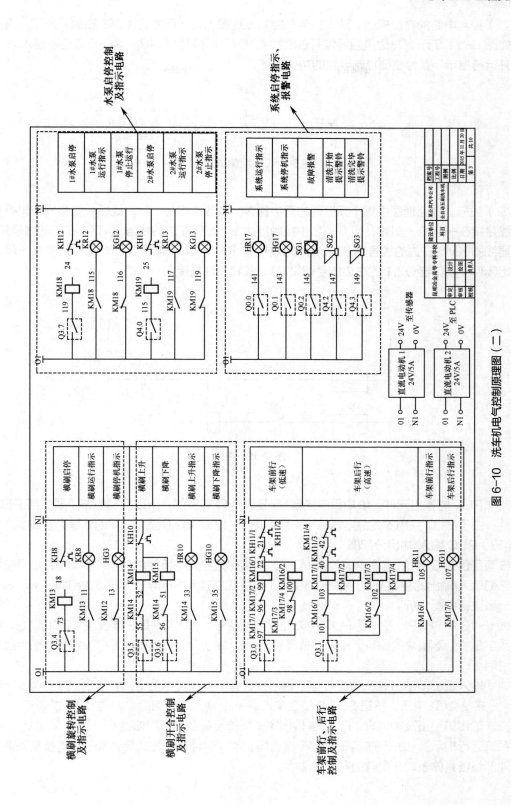

图6-10 洗车机电气控制原理图（二）

（1）控制电路的功能描述。洗车机电气控制原理图上每一行的功能都在右边添加了表格进行说明。如图 6-11 所示，左边接触器常开辅助触点 KM7 和信号灯 HR6 这一行右边表格内的"2#立刷打开运行指示"就为左侧控制电路的功能描述。

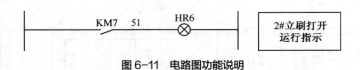

图 6-11 电路图功能说明

（2）线标。在原理图中每个元器件的两边都有一个数字标号，称为线标，在接线时具有相同线标的线是接在一起的。例如，图 6-12 中接触器线圈 KM6 左边的线号是 37，右边的线号是 10；接触器线圈 KM5 左边的线号是 33，右边的线号是 10，所以 KM5 和 KM6 的右边接在一起。PLC 的输出元件 Q2.0 与 Q2.1 的左边线号都是 01，故它们也是接在一起的。

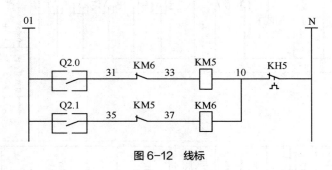

图 6-12 线标

（3）PLC 的输出元件。该项目的控制是通过 PLC 实现的，所以控制电路中要包括 PLC 的输出元件，由于 PLC 采用的是继电器输出，所以图 6-12 中 Q2.0 及 Q2.1 的外框为虚线。

（三）PLC 输入/输出分配图

该项目包括 3 张 PLC 输入/输出分配图，提供的是控制中所使用的 PLC 型号、扩展模块型号以及它们输入/输出的接线及使用信息。由于 3 张图纸内容大同小异，绘图结构相同，所示这里仅取其中一张进行识图分析。

图 6-13 中的 CPU224 是 PLC 中央处理器的型号，EM223 是扩展模块（8DI/DO），小括号里的数字是 PLC 模块的编号。模块下排是输入（I）端子，上排是输出（Q）端子。图中的表格是功能说明。

（1）输入端设备及功能表。PLC 输入端所接设备及其作用如图 6-14 所示，其中 M 表示接 0V 电压，L 接 24V 正电压。按钮 SB2.0 接在输入端子 I2.0 上，作用是"2#立刷合拢"。

（2）输出端设备及功能表。PLC 各输出端子所接设备及其作用如图 6-15 所示，其中 Q0.0 表示"系统运行指示"。由于 PLC 采用的是继电器输出，这种输出方式允许端子上直接接外部设备，所连外部设备具体表现在电气控制原理图中。

输入端及 设备功能表				PLC模块			输出端及 设备功能表
0V	V		0V	1M	1L	01	220V交流电源
		SA1 粗洗	I0.0	I0.0	Q0.0	Q0.0	系统运行指示
粗洗/精洗选择		精洗	I0.1	I0.1	Q0.1	Q0.1	系统停机指示
		SA2 手动	I0.2	I0.2	Q0.2	Q0.2	故障报警
手动/自动选择		自动	I0.3	I0.3	Q0.3	Q0.3	备用
紧急停止		SB0.4	I0.4	I0.4	•		
系统复位		SB0.5	I0.5	I0.5	2L	01	220V交流电源
遥控横刷上升		YK1	I0.6	I0.6	Q0.4	Q0.4	1#立刷启停
遥控横刷下降		YK2	I0.7	I0.7	Q0.5	Q0.5	2#立刷启停
	24V	0V		2M	Q0.6	Q0.6	备用
1#立刷启停		SB1.0	I1.0	I1.0	•		
2#立刷启停		SB1.1	I1.1	I1.1	3L	01	220V交流电源
3#立刷启停		SB1.2	I1.2	I1.2	Q0.7	Q0.7	3#立刷启停
4#立刷启停		SB1.3	I1.3	I1.3	Q1.0	Q1.0	4#立刷启停
1#立刷打开		SB1.4	I1.4	I1.4	Q1.1	Q1.1	备用
1#立刷合拢		SB1.5	I1.5	I1.5	⏚		
0V				M	N	N	220V交流电源
24V				L+	L1	01	220V交流电源
			0V	M	⏚		
		24V	24V	L+	•		
	24V		0V	1M	1L	01	220V交流电源
2#立刷合拢		SB2.0	I2.0	I2.0	Q2.0	Q2.0	1#立刷打开
2#立刷打开		SB2.1	I2.1	I2.1	Q2.1	Q2.1	1#立刷合拢
3#立刷打开		SB2.2	I2.2	I2.2	Q2.2	Q2.2	2#立刷打开
3#立刷合拢		SB2.3	I2.3	I2.3	Q2.3	Q2.3	2#立刷合拢
0V	24V		0V	2M	2L	01	220V交流电源
4#立刷打开		SB2.4	I2.4	I2.4	Q2.4	Q2.4	3#立刷打开
4#立刷合拢		SB2.5	I2.5	I2.5	Q2.5	Q2.5	3#立刷合拢
机架前行		SB2.6	I2.6	I2.6	Q2.6	Q2.6	4#立刷打开
机架后行		SB2.7	I2.7	I2.7	Q2.7	Q2.7	4#立刷合拢

CPU224(1)

EM223(2)

图 6-13　洗车机 PLC 输入/输出分配图

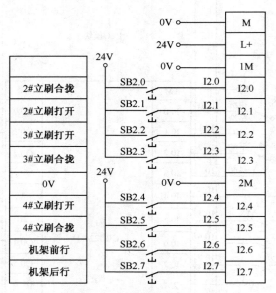

图 6-14　PLC 输入端设备及功能表

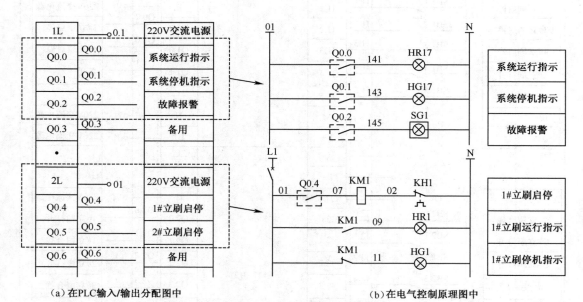

（a）在PLC输入/输出分配图中　　　　　　（b）在电气控制原理图中

图 6-15　PLC 输出端设备及功能表

（四）电气接线图

该项目包括 3 张电气接线图，提供的是所有控制元器件的接线信息。由于 3 张图纸内容大同小异，绘图结构相同，这里仅取其中一张进行识图分析。图 6-16 所示为洗车机电气接线图。

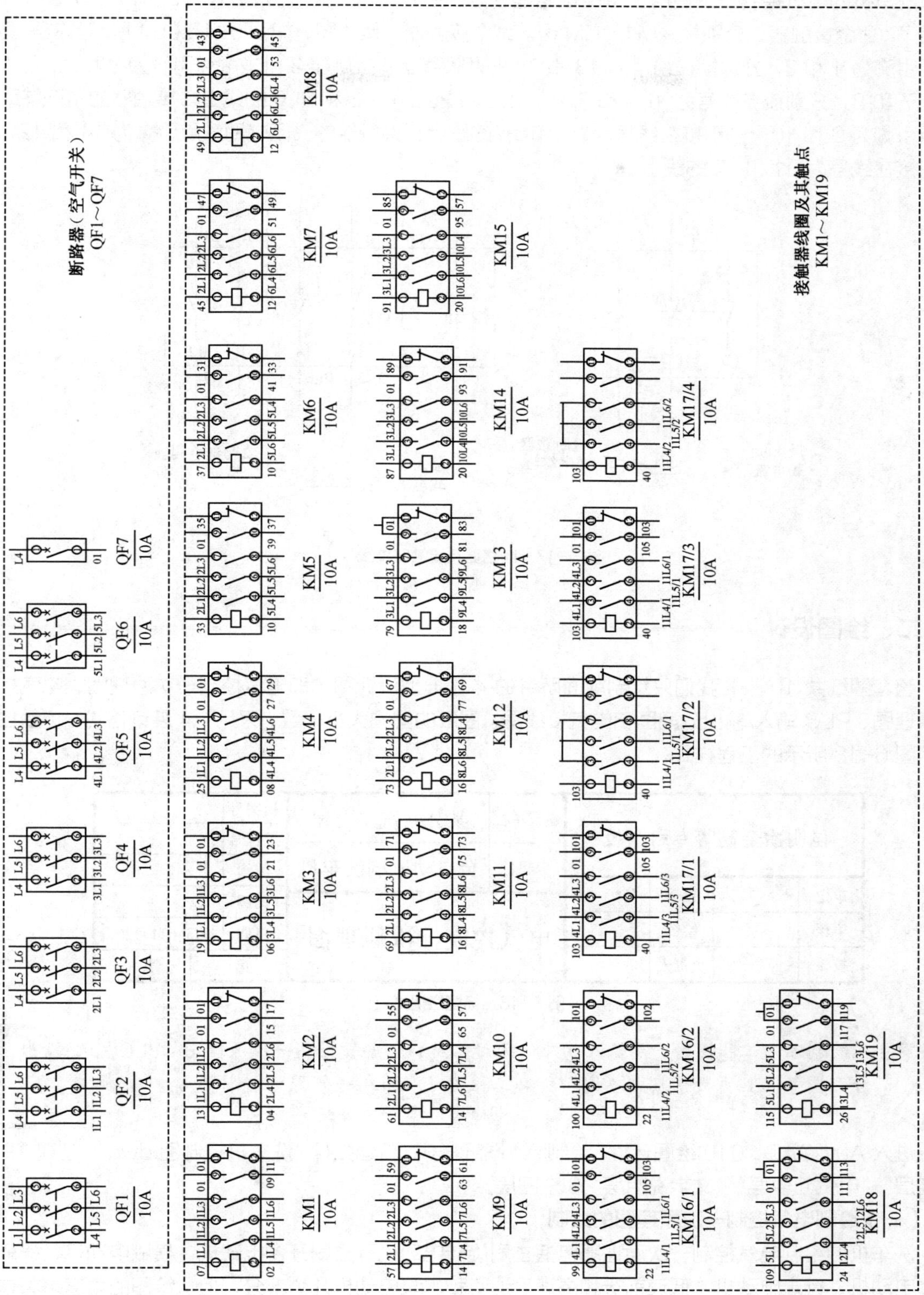

图 6-16　洗车机电气接线图

　　洗车机的电气控制一共使用了 7 个断路器，分别是 QF1～QF7，如图 6-17（a）所示；一共使用了 19 个接触器，分别是 KM1～KM19。某个接触器的接线图，如图 6-17（b）所示。接触器线圈引脚为 1 和 2，分别接在线号为 13 和 04 的两根线上。接触器 3 个主触点引脚为 3 和 4、5 和 6 及 7 和 8，分别接在线号为 1L1 和 2L4、1L2 和 2L5、1L3 和 2L6 的线上。接触器的常开辅助触点引脚为 9 和 10，分别接在线号为 01 和 15 的线上；接触器的常闭辅助触点引脚为 11 和 12，分别接在线号为 01 和 17 的线上。

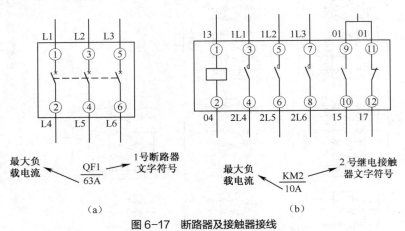

图 6-17　断路器及接触器接线

二、绘图设计

　　整套图纸共 10 张，我们只绘制前面所讲的 4 张典型设计图，即电气控制一次原理图、电气控制原理图、PLC 输入/输出分配图和电气接线图。图纸的图幅大小一致，采用 A4 装订格式。标题栏采用图 6-18 所示的工程样式。

昆明冶金高等专科学校		建设单位	某公共汽车公司	档案号	
				工程号	
		科目	全自动五刷洗车机	图例	
审定		设计		比例	
审核		绘图	电气控制一次原理图	日期	2015年11月20日
校核		负责人		第1	共10

图 6-18　标题栏格式

注意： 在绘制不同工程图时，要输入相应的项目名称，如电气控制一次原理图、PLC 输入/输出分配图等，且页数信息也不同。所有工程图可以画在一个图形文件中。

　　进入 AutoCAD 2010 绘图环境，绘制 A4 图纸样板，新建文件"洗车机控制图.dwg"，创建"主电路层""电气元件层""文字说明层"3 个图层。

（一）绘制电气控制一次原理图的绘制

　　洗车机的绘制电气控制一次原理图包括立刷旋转电动机、立刷开合电动机、横刷电动机、横刷升降电动机、行走电动机（低速前行和高速后退）和水泵电动机几个部分，但从绘图的角度来看这几个部分的电路结构相似，可以分为两部分来进行，一是包含断路器的电源输入部分，二是包含接触器触点、热继电器线圈、电动机图例的典型回路。

根据原理图的特点，整个电路的线路图采用从上至下的方法绘制，而各支路采用自左向右的方法绘制，具体如下。

1. 绘制电源输入部分

电源输入部分用到的元器件是断路器，其绘制方法在项目三中已经讲过，这里直接调用插入图块即可；而电源线路可以用"多段线"命令结合"正交"模式来完成，具体如图 6-19 所示。

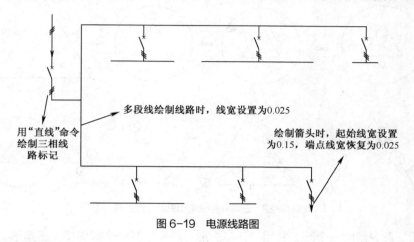

图 6-19　电源线路图

2. 绘制典型回路

典型回路的绘制过程如图 6-20 和图 6-21 所示。

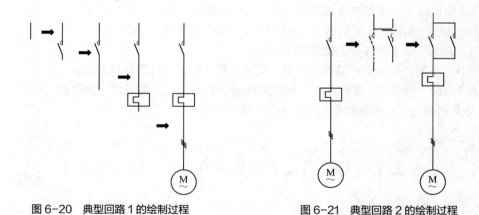

图 6-20　典型回路 1 的绘制过程　　　图 6-21　典型回路 2 的绘制过程

（1）使用"多段线"命令，在命令行输入"w"，将线宽设置为 0.05，打开"正交"模式画一段垂直线。

（2）插入接触器主触点图块，调整大小。

（3）继续用"多段线"命令画一段垂直线。

（4）插入热继电器线圈图块，调整大小。

（5）继续用"多段线"命令画一段垂直线。

（6）插入电动机图块，调整大小。

（7）使用"直线"命令，在电动机进线上画 3 条斜线，即可完成典型回路 1 的绘制，如图 6-20 所示。

（8）在典型回路 1 主触点右边，结合"正交"模式复制主触点，并用直线连接，即可完成典型回路 2 的绘制，如图 6-21 所示。

3. 绘制车架行走电动机图例

（1）三角形接法电动机的绘制过程如图 6-22 所示。

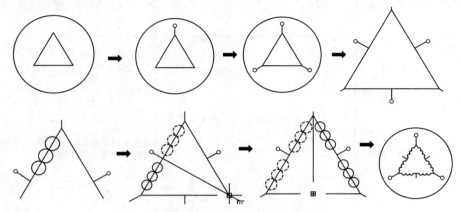

图 6-22　三角形接法电动机的绘制过程

① 用"圆"命令绘制一个圆，并用"正多边形"命令绘制一个圆内接正三角形。

② 在一个顶点上结合"正交"模式绘制一条垂直线段，并在线段顶部绘制一个圆。

③ 选中直线段与其顶部的圆，使用"环形阵列"命令，选择圆心为阵列中心点。

④ 在三角形各边的中点向外画垂直线段，并在顶部画一个小圆。

⑤ 在三角形一条边的上半段画 3 个相交的圆，圆心在边线上。

⑥ 用"镜像"命令将 3 个圆镜像到下半段。

⑦ 选中 6 个圆，依次用"镜像"命令，在另外两条边上得到同样的图形。

⑧ 用"修剪"命令剪去内侧半圆、半圆内线段，即可完成三角形接法的电动机绘制。

（2）双星形接法电动机的绘制过程如图 6-23 所示。

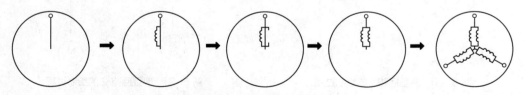

图 6-23　双星形接法电动机的绘制过程

① 复制前面绘制的圆，从圆心出发结合"正交"模式绘制一条垂直线段，并在线段顶部绘制一个圆。

② 选中前面绘制的 3 个半圆线圈图形，复制到线段左侧，并在两端画垂线与直线相交。

③ 用"镜像"命令将连接线复制到直线右侧。

④ 复制线圈图线到留空位置，并用"修剪"命令剪去线圈包围的线段。

⑤ 选中圆内全部图形，使用"环形阵列"命令，选择圆心为阵列中心点，进行阵列复制，即可

完成双星形接法的电动机绘制。

4．插入典型回路及设备

将典型回路 1 和 2 复制到图纸电源线路下的相应位置上（见图 6-24），然后将车架行走电动机部分回路的电动机删除，复制插入上面绘制好的三角形电动机、双星形电动机，并在边上绘制切换线路接线（见图 6-7），最后使用文字工具输入元器件文字符号与编号、型号，即线路编号，即可完成电气控制一次原理图的绘制。

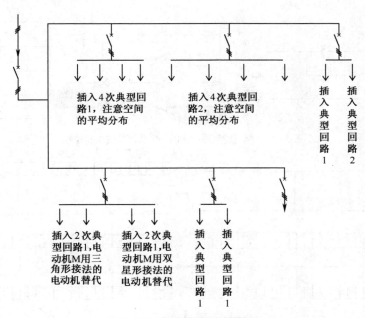

图 6-24　典型回路及设备的插入

（二）绘制电气控制原理图

洗车机电气控制原理图包括了几个典型元器件，如线圈、常开辅助触点、常闭辅助触点、按钮、信号灯和 PLC 输出元件，这些元器件在前面的项目三中已经绘制过，这里直接使用图块来进行插入绘制。

绘制方法是先绘制左侧母线，然后按照逻辑行的顺序一行一行地绘制。下面给出一个功能块的绘制过程，如图 6-25 所示。对于结构类的其他功能块，可以通过复制、修改工具来完成。

全部图形绘制完成后，使用"多行文字"命令添加相应的元器件标号、线标和功能说明。

（三）绘制 PLC 输入/输出分配图

PLC 输入/输出分配图看似复杂，实际绘图所用的图形元素并不多，只包含 3 类元器件，即矩形（用来绘制 PLC 的 CPU 和扩展模块、输入/输出端口以及功能说明表格）、直线和圆（用来绘制输入/输出端接设备），以及前面项目中绘制过的继电器触点、按钮等。根据整个图的特点，采用自中间向两边扩散的方法进行绘制，即先在图纸中央确定 PLC 与扩展模块的位置，然后向上画输出线路及功能表，向下画输入线路及功能表，具体绘制过程如图 6-26 所示。

（1）调用"矩形"命令绘制两个同宽的矩形。

（2）在矩形的左上角绘制一个小矩形，然后依次捕捉端点复制得到上排输出端口（如果长度与矩形有出入，可以用"缩放"命令来调整矩形大小）。

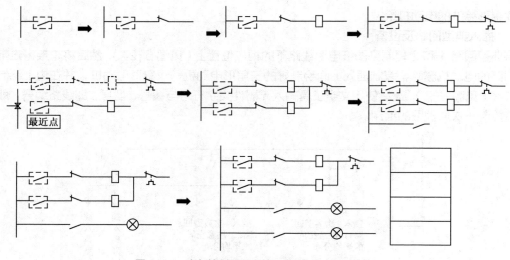

图 6-25　电气控制原理图的一个功能块的绘制过程

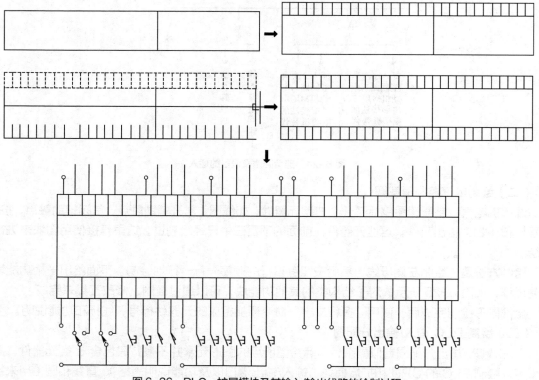

图 6-26　PLC、扩展模块及其输入/输出线路的绘制过程

（3）将上排矩形列复制到下端。

（4）用"直线"命令和"圆"命令绘制输入/输出端的接线，并在输入端插入元器件图块。

　　在画好的模块图上、下两端，用"矩形"命令绘制与接线端子长度一致、较宽的矩形行，作为功能说明的表格，或调用表格命令绘制两张单列表格行，其宽度与输出端口宽度一致。最后再添加相应的端口号、元器件标号、功能说明等文字。

（四）绘制电气接线图

洗车机的电气接线图由两个图块及其文字说明组成，一个是断路器图块，另一个是接触器图块。

（1）绘制断路器图块（见图6-27）。

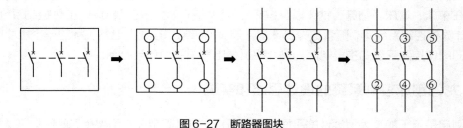

图6-27 断路器图块

（2）绘制接触器图块（见图6-28）。

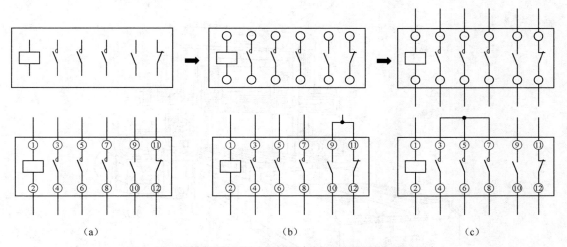

（a）   （b）   （c）

图6-28 接触器图块及其3种接线（线标：上排单数/下排双数）

（3）整图绘制。

① 使用"复制"命令，将断路器图块复制到图框内第一行位置，共计 7 个，最后一个只含一个接触器触点。

② 使用"复制"命令将接触器图块按接线方式依次复制到第 2～5 行，共计 19 个。

③ 在进行图块的行列复制时，使用"正交"模式，以保证列、行对齐。

④ 在图块下方添加各元器件编号，并在图块的引出线上添加线号，同样结合"正交"模式进行。

> **注意：** 为了保证整套图纸上的元器件编号、线号的统一性，先完成一个标注，其他的标注全部由复制、修改工具得到。

完成图如图6-16所示。

实例二　龙门刨床控制系统

机械电气是一类比较特殊的电气，主要指应用在机床上的电气系统，故也可以称为机床电气，包括应用在车床、磨床、钻床、铣床以及镗床上的电气系统，也包括机床的电气控制系统、伺服驱动系统、计算机控制系统等。随着数控机床的发展，机床电气也成为电气工程的一个重要组成部分。本节以龙门刨床控制系统的主要电路为例介绍机械电气图的设计与绘制。

一、龙门刨床控制系统的设计思路和实现

龙门刨床是用于加工大型零件的平面部分的机床。刀具固定在龙门架上，跟随龙门架水平移动，加工工件的表面。龙门刨床的结构如图 6-29 所示。

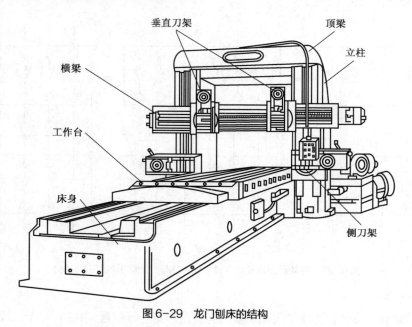

图 6-29　龙门刨床的结构

根据龙门刨床加工过程的要求，其电气控制系统分为龙门刨床主电路系统、龙门刨床主拖动系统、龙门刨床电动机组的启动控制电路、龙门刨床刀架控制电路、龙门刨床横梁升降控制电路和龙门刨床工作台的控制电路。本节选取了其中部分主要电路为绘图实例。

（一）龙门刨床主电路

龙门刨床的主运动是工作台做进给和后退的往复直线运动，进给运动是刀架的移动；辅助运动包括刀架的快速移动、抬刀、工作台的步进与步退、横梁的升降和横梁的夹紧与放松等，这些主运动分别由电动机拖动。图 6-30 所示为龙门刨床主电路原理图，9 个回路的功能以表格的形式给出。

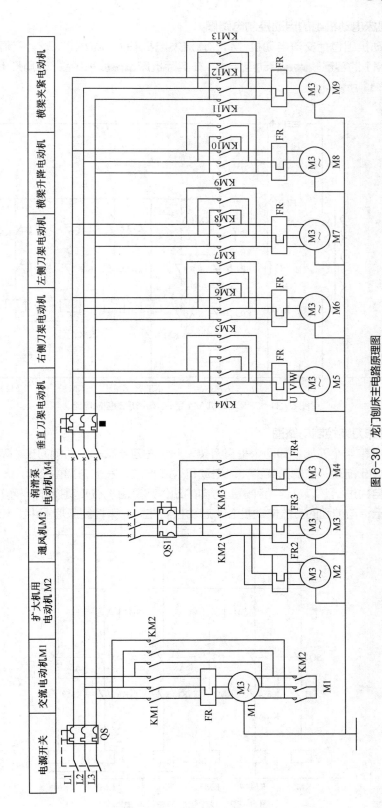

图6-30 龙门刨床主电路原理图

（二）龙门刨床电动机组的启动控制电路图

龙门刨床电动机组包括交流电动机 M1、直流发电机 G1 和励磁机 G2，它们均由交流电动机 M1 拖动。由于 M1 的容量较大，启动电流大，在实际机床上一般采用星–三角形降压启动，其启动控制电路如图 6-31 所示。

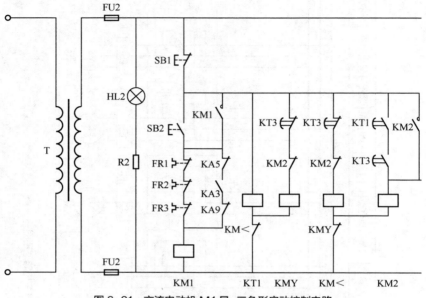

图 6-31　交流电动机 M1 星–三角形启动控制电路

（三）龙门刨床刀架控制电路图

龙门刨床一般有 4 个刀架，即两个垂直刀架、一个左刀架和一个右侧刀架。两个垂直刀架由同一个交流电动机 M5 拖动，右侧刀架由交流电动机 M6 拖动，左侧刀架由交流电动机 M7 拖动。刀架的快速移动和自由进给，以及这两种运动方向的动作都是由机械及其操作手柄实现的，其控制电路如图 6-32 所示，与前面的交流电动机 M1 启动控制在同一张控制原理图中。

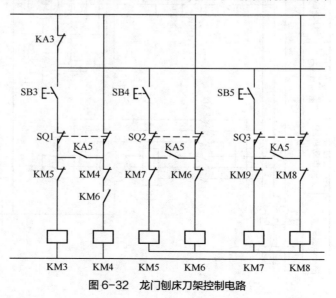

图 6-32　龙门刨床刀架控制电路

（四）龙门刨床横梁升降控制电路图

为了适应加工不同高度的工件，龙门刨床的横梁可以在两个立柱上垂直升降。横梁上升时，能自动地进行放松→上升→夹紧运动。横梁下降时，除了能自动地进行放松→下降→夹紧运动外，还要求在下降到所需要位置时稍微回升一下，目的在于消除传动丝杠与丝杠螺母之间的间隙，防止横梁不平，其控制电路原理图如图 6-33 所示。

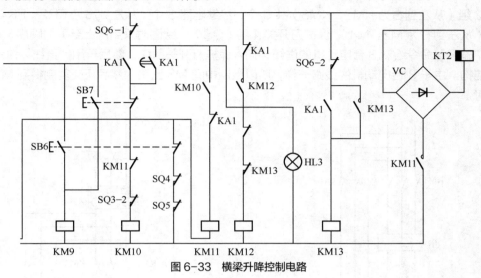

图 6-33　横梁升降控制电路

二、绘图设计

进入 AutoCAD 2010 绘图环境，绘制 A4 图纸样板，创建文件"龙门刨床控制系统.dwg"并保存；创建 3 个图层，即"主回路层""控制回路层""文字说明层"。

（一）绘制龙门刨床主电路图

龙门刨床主电路系统包括 9 台交流电动机、3 台直流电动机和 1 台电动机放大机，其控制回路所用的元器件在前面项目中都绘制过，因此在电路绘制时插入相关图块使用即可。线路的具体方法在前面继电器-接触器控制电路绘图中详细介绍过，这里只给出绘图思路和顺序。

（1）绘制主供电线路。主供电线路由 9 个交流电动机提供电源和过电流保护，如图 6-34 所示。在绘制时主要使用"直线""偏移""修剪"命令，主供电线路的 3 个进线标识从上到下为 L1～L3。

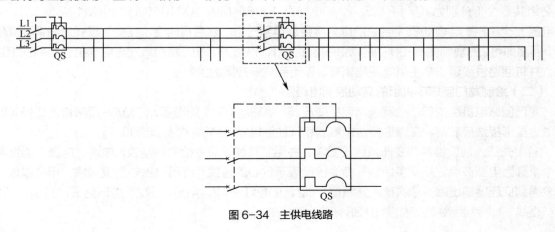

图 6-34　主供电线路

（2）绘制电动机主回路。图 6-35 所示为交流电动机 M1 的主回路电路图，线路中的元器件有接触器主触点从上到下、从左到右（KM1、KM<、KMY）3 组共 9 个，热继电器 FR 线圈 1 个，电动机 1 台（M1）。所以绘图时先以"直线"和"偏移"命令绘制线路结构，然后插入接触器主触点、热继电器和电动机的图块即可。

图 6-36 所示为交流电动机 M2、通风机 M3、润滑泵 M4 的主回路电路图，线路中含有接触器主触点 2 组（从左到右为 KM2、KM3）共 6 个、热继电器 3 个（从左到右为 FR2~FR4）、电动机 3 台（从左到右为 M2~M4）、保护刀开关 1 组（QS1）。绘图时采用从上至下的顺序，先以"直线"及"偏移"命令绘制 3 台电动机的进线，插入保护刀开关图块，然后再用"直线"命令绘制分支线路结构。由于 3 台电动机的线路一样，所以绘制中间 M3 回路，然后正交复制得到 M2 和 M4 回路即可。

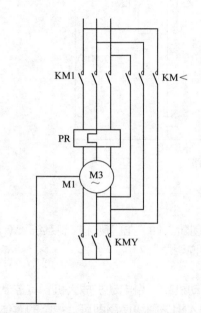

图 6-35 交流电动机 M1 的主回路

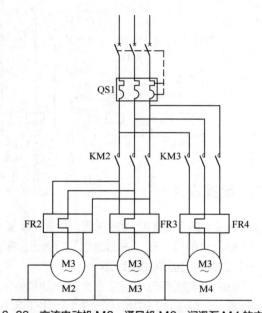

图 6-36 交流电动机 M2、通风机 M3、润滑泵 M4 的主回路

图 6-37 所示为垂直刀架电动机 M5、右刀架电动机 M6、左刀架电动机 M7、横梁升降电动机 M8 和横梁夹紧电动机 M9 的 5 个主回路电路图。这 5 个电动机回路结构一样，各包含接触器主触点 2 组共 6 个（分别为 KM4/KM5、KM6/KM7、KM8/KM9、KM10/KM11、KM12/KM13）、热继电器 1 个（FR）、电动机 1 台。所以只需绘制得到一组，然后再结合"正交"模式复制得到其他 4 个回路即可。先复制图 6-36 中的 M3 主回路和 KM3 线路部分，然后添加至电动机线路的三相接线，并将回路进线延长与主供电回路相交，即可完成原理图的绘制。

（二）绘制龙门刨床电机组的启动控制电路图

龙门刨床电机组的启动控制线路包括变压器、接触器 KM1 的通断、三角形-星形接法切换延时 KT1、星形接法接触器、三角形接法接触器和辅助继电器 KM2。绘制步骤如下。

（1）先插入前面绘制的变压器线圈图块，并用"直线"命令绘制两端输入电源，电源端点绘制两个小圆为电源节点，用"多段线"命令绘制表示铁心的直线，然后以铁心为镜像线，用"镜像"命令得到变压器输出端；依次插入熔断器 FU2、信号灯 HL2、电阻器 R2、熔断器 FU2 图块，再用"直线"命令绘制线路，如图 6-38 所示。

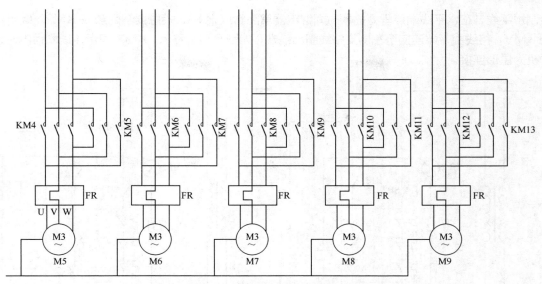

图 6-37　刀架电动机和横梁电动机主回路

（2）继续"直线"命令绘制第二条垂直线路。依次插入常闭按钮 SB1、常开按钮 SB2、热继电器触点 FR1～FR3、接触器线圈 KM1 图块，用直线连接至电源回线端。从常开按钮 SB1 开始用"直线"命令绘制水平线，在水平线右端垂直插入接触器主触点 KM1，常闭辅助触点 KA5、KA9，常开辅助触点 KA3 然后用直线连接至线圈入线端；继续"直线"命令，连接常闭触点与常开按钮出线端，如图 6-39 所示。

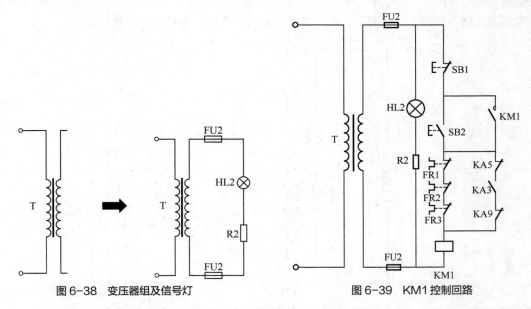

图 6-38　变压器组及信号灯　　　　　　　图 6-39　KM1 控制回路

（3）继续用"直线"命令绘制第三条垂直线路。从第二条支路水平线开始，采用"直线"命令绘制水平线、垂直线，在垂直线下端垂直插入时间继电器线圈 KT1、常闭辅助触点 KM<；继续"直线"命令，将触点下端连接至电源回线端，如图 6-40 所示。其中 KM<表示三角接法的一对触点。

（4）继续用"直线"命令绘制第四条垂直线路。从第三条支路水平线开始，采用"直线"命令绘制水平线，在水平线端点垂直插入时间继电器常闭触点 KT3、接触器常闭触点 KM2、继电器线圈 KMY，将线圈下端连接至左侧支路线圈出线端，如图 6-41 所示。KMY 表示该线圈得电时，电动机为星形连接。

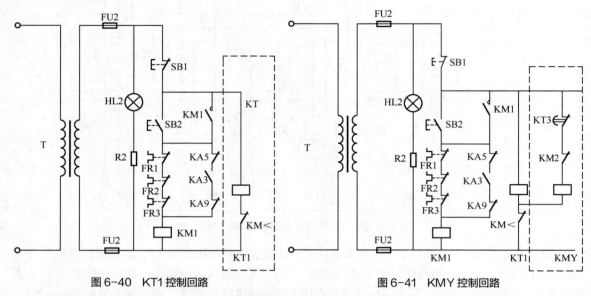

图 6-40　KT1 控制回路　　　　　　　　　图 6-41　KMY 控制回路

（5）继续用"直线"命令绘制第五条垂直线路。从第四条支路上端点开始，采用"直线"命令绘制水平线，在水平线端点垂直插入时间继电器常闭触点 KT3（用直线连接左侧支路触点出线端）、接触器常闭触点 KM2、继电器线圈 KMY、常闭辅助触点 KM<，并绘制直线、水平线连接至左侧支路电源回线端，如图 6-42 所示。KM< 表示该线圈得电时，电动机为三角形连接。

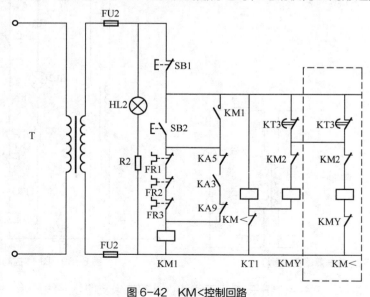

图 6-42　KM<控制回路

（6）继续用"直线"命令绘制第六条垂直线路。从第五条支路上端点开始，采用"直线"命令绘制水平线，在水平线端点垂直插入时间继电器常开延时触点 KT1 和 KT3 以及继电器线圈 KMY，其中 KT1、KT3、并联接触器常开触点 KM2，最后绘制直线、水平线连接至左侧继电器线圈出线端，如图 6-43 所示。

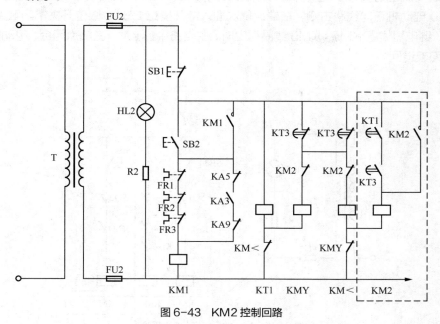

图 6-43　KM2 控制回路

（7）用"多行文字"命令逐一添加元器件文字符号及编号，然后进入下一个电路的绘制。

（三）绘制龙门刨床刀架控制电路图

龙门刨床刀架控制线路包括交流电动机 M5 正、反向运行控制，M6 正、反运行控制，M7 正、反向运行控制。控制线路与上面的电动机组启动线路并联连接，由变压器线圈 T 进行供电。其绘制步骤如下。

（1）绘制交流电动机 M5 的正向运行控制支路，M5 驱动垂直刀架，如图 6-44 所示。延续上面电动机组控制电路，继续在电源输入端画水平线，在端点处向下画垂线，然后插入限位开关常闭触点 SQ1、并联常开触点 KA5 至左侧线路 SQ1，继续插入常闭触点 KM4、常开触点 KA6，通过继电器线圈 KM4 连至电源回线端。KM4 线圈得电，主电路中 KM4 主触点闭合，电动机 M5 正向运行，垂直刀架进给。

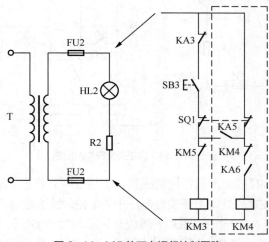

图 6-44　M5 的正向运行控制回路

（2）绘制交流电动机 M5 的反向运行控制回路，如图 6-45 所示。从 KM3 支路的按钮进线画水平线至 M5 电动机正向线路右侧，在端点依次插入常开按钮 SB4、限位开关常闭触点 SQ2、常闭触点 KM7 继电器线圈 KM5。KM5 线圈得电时，主电路中的 KM5 主触点闭合，电动机 M5 反向运行，垂直刀架退回。

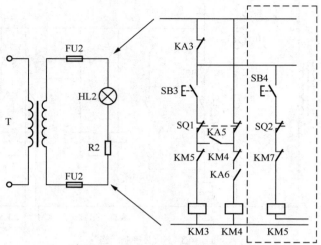

图 6-45　M5 的反向运行控制回路

（3）绘制交流电动机 M6 的正向运行控制回路，如图 6-46 所示。继续在电源输入端画水平线，在端点处向下结合"正交"模式复制图中的 KM4 线圈控制电路，并删除 KA6，注意电路下端与 KM5 线圈出线相连，常闭触点为 KM6。KM6 线圈得电，主电路中 KM6 主触点闭合，电动机 M6 正向运行，右侧刀架给进。

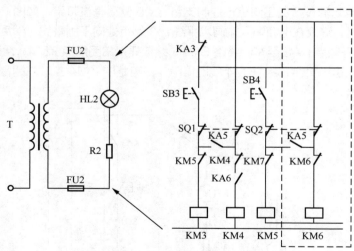

图 6-46　M6 的正向运行控制回路

（4）绘制交流电动机 M6 的反向运行控制回路，如图 6-47 所示。从 KM5 支路入线端继续画水平线至 KM6 支路右侧，在端点处向下正交复制图中的 KM5 线圈控制电路，注意电路下端与 KM6 线圈出线相连，上端依次插入常开按钮 SB5，限位开关常闭触点 SQ3，常闭触点 KM9，KM7 线圈。当 KM7 线圈得电后，主电路中 KM7 主触点闭合，电动机 M6 反向运行，右侧刀架退回。

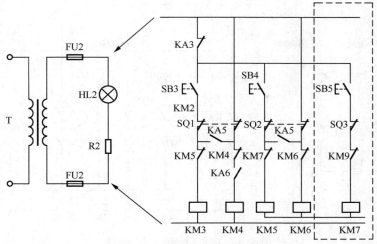

图 6-47 M6 的反向运行控制回路

（5）绘制交流电动机 M7 的正向运行控制回路，M7 驱动左侧刀架，如图 6-48 所示。继续在电源输入端画水平线，在端点处向下结合"正交"模式复制图中的 KM6 线圈控制电路，注意电路下端与 KM7 线圈出线相连，常闭触点为 KM8。KM7 线圈得电后，主电路中 KM7 主触点闭合，电动机 M7 正向运行，左侧刀架给进。

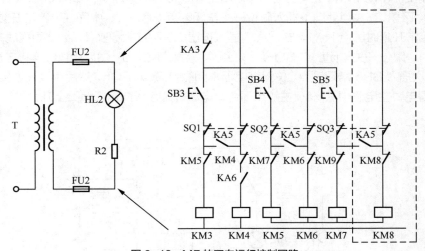

图 6-48 M7 的正向运行控制回路

（6）绘制交流电动机 M7 的反向运行控制支回路，如图 6-49 所示。该支路由两个并联的常开按钮 SB6/SB7 和继电器线圈 KM9 组成，继续在 KM7 进线端画水平线，然后画垂线并插入常开按钮 SB6，同时在右侧并联插入常开按钮 SB7，用直线连接出线端，继续在下端点处插入继电器线圈 KM9，并画直线与电源回线端相连。

（7）用"多行文字"命令逐一添加元器件的文字符号及编号，然后进入下一个电路的绘制（在添加文字时，相同元器件可以复制元件文字符号，然后修改数字编号）。

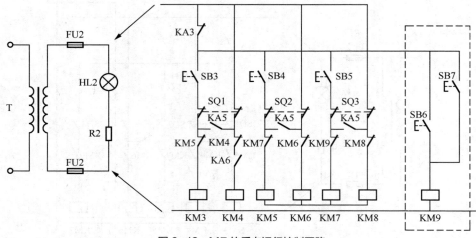

图 6-49　M7 的反向运行控制回路

（四）绘制龙门刨床横梁升降控制电路图

　　横梁的升降由交流电动机 M8 控制，横梁的夹紧和放松由交流电动机 M9 控制。控制电路与前面的电机组启动电路、刀架控制电路并联，由变压器线圈 T 供电。绘制步骤如下。

　　（1）绘制交流电动机 M8 正向运行控制回路，M8 带动横梁运动，如图 6-50 所示。继续在电源输入端画水平线，在端点处向下插入限位开关常闭触点 SQ6-1，中间继电器常开触点 KA1，同时在右侧并接常开延时触点 KA1，在出线端插入按钮 SB7 的常闭触点，继续画直线并顺序插入常闭触点 KM11、限位开关常闭触点 SQ-2-3、继电器线圈 KM10，然后用直线连接电源回线端；由 KM8 引线依次插入 SB6 常闭触点、位置继电器常闭触点 SQ4/SQ5，然后用直线连接电源回线端。KM10 线圈得电，主电路中 KM10 主触点闭合，电动机 M8 正向运行横梁上升。

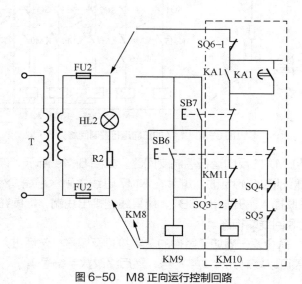

图 6-50　M8 正向运行控制回路

（2）绘制交流电动机 M8 反向运行控制回路，如图 6-51 所示。沿 M8 正向回路的常开延时触点 KA1 上端画水平线，在端点处向下插入常开触点 KM10、中间继电器常闭触点 KA1、继电器线圈 KM11，出线端与 KM8 线圈出线端连接。当 KM11 线圈得电，主电路中 KM11 主触点闭合，电动机 M8 反向运行，横梁下降。

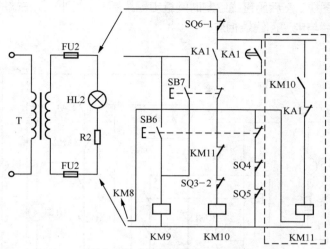

图 6-51　M8 反向运行控制回路

（3）绘制交流电动机 M9 正向运行控制回路，M9 带动横梁夹紧，如图 6-52 所示。继续在电源输入端画水平线，在端点处向下插入中间继电器常闭触点 KA1、常开触点 KM12（出线端与 KM11 支路进线端相连），继续向下插入中间继电器常闭触点 KA1、常闭触点 KM13、接触器线圈 KM12，最后与电源回线端相连。当 KM12 线圈得电，主电路中 KM12 主触点闭合，电动机 M9 带动横梁正转夹紧。在该线路右侧的信号灯 HL3 是横梁运行的指示线路，通过添加灯的图块并联即可完成。

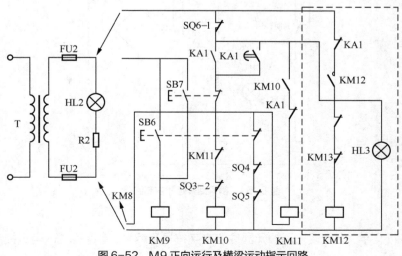

图 6-52　M9 正向运行及横梁运动指示回路

（4）绘制交流电动机 M9 反向运行控制回路，如图 6-53 所示。继续在电源输入端画水平线，在端点处向下插入限位开关常闭触点 SQ6—2、中间继电器常闭触点 KA1（同时并联常开触点 KM13），下端继续插入接触器线圈 KM13，最后与电源回线端相连。当 KM13 线圈得电，主电路中 KM13 主触点闭合，电动机 M9 反转，横梁放松。

（5）绘制横梁下降后的回升延时控制电路，如图 6-54 所示。继续在电源输入端画水平线，在端点处向下插入 VC 图块，然后用直线绘制时间继电器线圈 KT2 到 VC 左端的连线。VC 下端插入常开触点 KM11，最后与电源回线端相连。

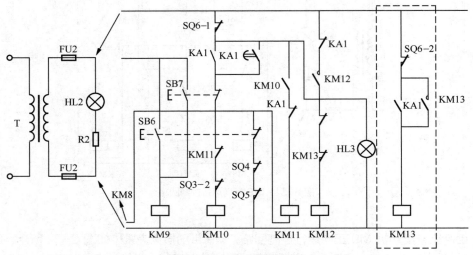

图 6-53　M9 反向控制回路

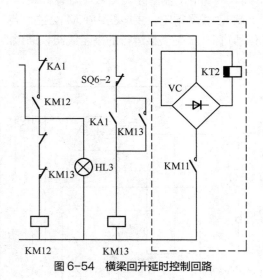

图 6-54　横梁回升延时控制回路

（6）用"多行文字"命令逐一添加元器件的文字符号及编号，全部完成的电气控制图如图 6-55 所示。

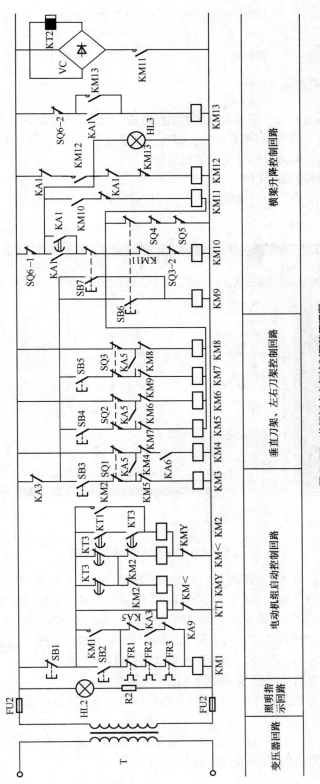

图 6-55 龙门刨床电气控制回路原理图

⁄⁄⁄拓展知识

一、图形文件的输出

除了打印外，AutoCAD 还提供了其他输出方法，创建文件供其他应用程序使用。例如，通过虚拟打印机将图形文件转换为 PDF 文档，或将文件保存为 GPG、TIF、PNG 等格式的图形文件，还可以将文件作为对象插入 Word 文档等其他应用。

（一）将图纸保存为图形文件

选择下拉菜单"工具"→"显示图像"→"保存"命令，即可打开图 6-56 所示的"渲染输出文件"对话框。

图 6-56 "渲染输出文件"对话框

在"保存于"下拉列表中选择图形文件的保存路径，在"文件名"的文本框内输入图形文件名称，下拉列表用于选择已有文件。在"文件类型"的下拉列表中选择图形文件保存的类型，系统提供了 BMP、PCX、TGA、TIF、JGPG、PNG 共 6 种格式的图形文件。单击"保存"按钮，在出现的图 6-57 所示的"图像选项"对话框中设定图片质量参数，单击"确定"按钮即可将图形转换为图形文件，即通常所称的图片，方便用户在其他应用程序中使用。

（二）在 Word 文档、PPT 文档中插入图形文件

如果需要在 Word 文档或 PPT 幻灯片制作中使用 AutoCAD 编辑的图形，可以通过以下两种方法来实现。

（1）作为图片插入。在 AutoCAD 中将绘制图形保存为图形文件，然后在 Word 文档、PPT 幻灯片编辑时，使用插入图片的方法即可将图形插入。

注意： 插入的是 AutoCAD 中绘制图形转换的图片，图片中的图形对象是无法进行编辑的。

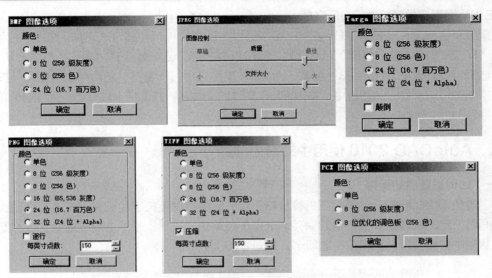

图 6-57 不同格式的"图像选项"对话框

（2）作为对象嵌入。打开要插入图形文件的 Word 或 PPT 文档，将光标定位到插入位置，选择下拉菜单"插入"→"对象"命令，打开图 6-58 所示的"插入对象"对话框。

图 6-58 "插入对象"对话框

在"对象类型"列表框中选择"AutoCAD 图形"，即可打开 AutoCAD 应用绘制中需要插入的图形，关闭 AutoCAD 软件时，在弹出的图 6-59 所示对话框中单击"是"按钮即可在 Word 或 PPT 文档相应位置插入图形。

图 6-59 AutoCAD 提示对话框

> **注意：** 双击该图形对象，即可打开 AutoCAD 软件进行编辑，编辑完成后关闭 AutoCAD 软件，
> 选择"更新"命令即可。

（三）将图形文件转换为 PDF 文档

如果要将图形文件转换为 PDF 文档，可以通过将图形文件打印的方式实现。选择下拉菜单"文件"→"打印"命令，在"打印"对话框的"打印机/绘图仪"选项组下的"名称"框中，从"名称"列表中选择"DWG to PDF.pc3"配置，为 PDF 文件选择打印设置；然后单击"确定"按钮，在弹出的"浏览打印文件"对话框中，输入 PDF 文件的文件名，并选择 PDF 文档保存的位置，单击"保存"按钮即可完成。

二、AutoCAD 2010 使用中的常见问题

（一）如何设置自动保存

为了避免因突然断电、计算机死机等故障引起的绘图数据丢失，我们常常会进行自动保存的设置，即间隔一定时间让系统进行自动保存。选择下拉菜单"工具"→"选项"命令，在弹出的"选项"对话框中打开"打开和保存"选项卡，如图 6-60 所示。

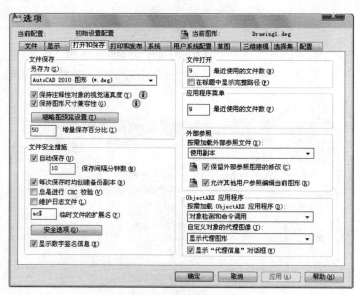

图 6-60　"选项"对话框

在"文件安全措施"选项组中，勾选"自动保存"复选框，并在下方的"保存间隔分钟数"文本框中输入保存间隔时间，单击"确定"按钮即可完成设定。

（二）如何设置文件打开密码

有时用户为了保护数据的安全，需要对图形文件设置打开密码。设置的方法很简单，在图 6-60 所示的"打开和保存"选项卡中，单击"文件安全措施"选项组中的"安全选项"按钮，弹出图 6-61 所示的"安全选项"对话框，在文本框中输入密码。添加或更改密码时，会显示"确认密码"对话框。

图 6-61 "安全选项"对话框

注意: 密码丢失后不能恢复。用户在添加密码之前,最好先创建不受密码保护的备份副本。其中"加密图形特性"包括标题、作者、主题和用于标识型号或其他重要信息的关键字,如要查看它们必须输入密码。

(三)如何创建新的工具栏

不同用户在进行绘图操作时,使用的工具栏可能会不相同。AutoCAD 2010 允许用户自定义创建新的工具栏,将使用效率高的工具按钮放在一起。

选择下拉菜单"视图"→"工具栏"命令,或者"工具"→"自定义"→"界面"命令,即可打开图 6-62 所示的"自定义用户界面"窗口,在第一项的下拉列表中选择 CUI 的自定义文件,右键单击"工具栏"并在工具栏的快捷菜单中选择"新建工具栏"命令,便会在工具栏列表的最后出现一个默认名为"工具栏 1"的新建工具栏,用户可以输入新名称来覆盖默认名称,这时工具栏内是空的,前面没有任何符号。

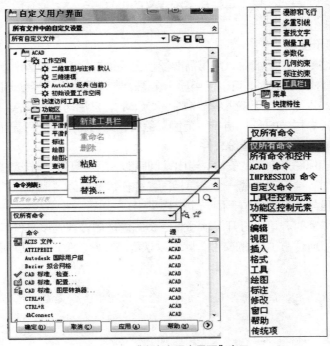

图 6-62 "自定义用户界面"窗口

单击"命令列表"打开下拉列表，可以选择"所有命令和控件"选项，也可以根据要添加命令或控件的类别来选择（缩小选择范围，快速选择），然后在命令列表中将要添加的命令拖到用户自定义的该工具栏名称的位置，如图 6-63 所示。

图 6-63　向用户定义的工具栏添加命令

添加完用户所需的命令和控件后，单击工具栏前面的▷图标，可显示所有添加到该工具栏下的命令；单击工具栏前面的◢图标，可以折叠所有命令。单击"确定"按钮即可在绘图视窗看到该工具栏。在以后每次使用时，可以选择下拉菜单"工具"→"工具栏"命令，即可在显示的工具栏列表中选择用户自定义的工具栏，该工具栏与系统定义的工具栏一样，浮在绘图视窗上，用户可以将其拖动放到自己习惯的位置。

（四）如何快速显示全图

在绘制图形较多或复杂的图纸时，常常需要显示已经绘制好的全部图形，以方便继续绘制时的定位、图形的安排、查找等。此时，可以使用显示全图的方法迅速将已经绘制的图形全部显示出来。在命令输入行中输入"Z"（相当于输入缩放命令 ZOOM），然后再输入"A"（相当于全部_ALL），还可以单击"缩放"工具栏中的⊗，进行"范围"缩放，即可将全部图形显示出来。

（五）如何使用 AutoCAD 的备份文件

备份文件有助于确保图形数据的安全，当出现问题时，用户可通过备份文件来恢复。AutoCAD 系统在保存图形文件时，会自动生成一个具有相同名称但扩展名为".bak"的文件，该文件就是图形文件的备份文件，且与图形文件位于同一个文件夹中。

当需要进行文件恢复时，可以打开 Windows 资源管理器，找到该文件扩展名为".bak"的文件，将其重命名为".dwg"扩展名的文件，就可以恢复该文件。AutoCAD 可以对其读取并进行其他操作。

注意： 在进行备份恢复前，最好将其复制到另一个文件夹中，以免覆盖原始文件。

（六）为何有时绘制的圆形是多边形

有时候用户明明绘制了一个圆形，但放大之后发现圆形变成了一个多边形。这种现象是因为 AutoCAD 绘制的图形对象精度很高，而系统为了提高显示速度，将曲线对象简化，用连续折线逼近、近似地表示曲线，所以才会出现圆形放大后变成一个多边形的现象。处理的办法是，选择下拉菜单"视图"→"重生成"或者"全部重生成"命令，系统会重新计算并重新显示，多边形就恢复成圆形了。用户还可以通过设置系统的显示精度来使曲线对象更光滑，选择下拉菜单"工具"→"选项"命令，打开"选项"对话框，选择"显示"选项卡，在图 6-64 所示的"显示精度"选项组的"圆弧和圆的平滑度"文本框中输入较大的数值（有效范围是 1～20000），则曲线对象将显示得更光滑，但系统显示所需要的内存就更多，显示速度也更慢。

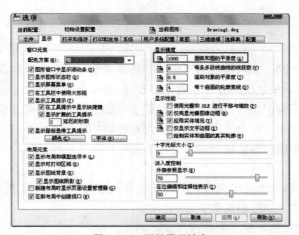

图 6-64　调整显示精度

（七）绘图完成后在进行文字输入时，如何输入上、下标

先单击 **A** 图标打开文本编辑器，进行文字输入。在要输入上标时，输入"*^"，其中"*"为上标文字，选中它们，再单击鼠标右键，在快捷菜单中选择"堆叠"，即可完成上标输入，再选择"非堆叠"，可取消上标操作。例如，要输入 X 的平方，只要在多行文本编辑器中输入"X2^"，然后选中"2^"，单击鼠标右键，在快捷菜单中选择"堆叠"，就可以实现 X^2 的输入。如果输入下标，则输入"^*"，其中"*"为下标文字，选中它们，再单击鼠标右键，在快捷菜单中选择"堆叠"，即可完成下标输入，再单击"非堆叠"，可取消下标操作。

（八）有时候在打开别人绘制的图纸时，文字部分显示为许多"？"怎么办

文字不能显示的原因是别人绘图时所用的字体，在自己的 AutoCAD 字库中没有。解决的办法有两种。一是将现有的字库复制一份，然后改名为图纸中文字所用字库名。例如，打开图纸时提示找不到 jd 字库，用户想用 hztxt.shx 字库来替换它，可以先把 hztxt.shx 复制一份，再将它命名为 jd.shx 就可以解决了。AutoCAD 的字库在 Fonts 目录中。二是在 AutoCAD 的 support 目录下创建 acad.fmp 文件。如果该目录中已经有此文件，则直接打开。该文件是一个 ASCII 文件，输入"jd;hztxt"，如果还有别的字体要替换，可以另起一行，如输入"jh;hztxt"，全部完成后保存退出。当用户打开的图中包含 jd 或 jh 这些 AutoCAD 字库中没有的字体时，系统会自动用 hztxt.shx 字库来替代，不会有提示找不到字库出现问号的情况了。

小结

本项目通过对洗车机电气控制系统设计套图、龙门刨床电气控制套图这两个不同应用领域的电气工程实例的分析，介绍了如何从系统的角度来识读电气工程图，如何读解工程项目中各图纸之间的关系。通过对图纸的绘图分析以及绘图步骤的展示，给出了成套电气图标题栏的编制方法、电气原理图典型绘图顺序、PLC 系统工程图绘制方法，以及项目套图快速绘图的技巧。最后，本项目还给出了除打印外图形文件的其他输出方法，并对绘图中遇到的常见问题进行了解答。

自测题

一、思考题

在世界各地，提到中国，令人赞叹的是中国的基建速度。例如，北京三元桥仅用 43 小时完成整体置换工程，福建龙岩火车站仅用 9 个小时完成改造，港珠澳大桥缩短工期超过 2 年并创造了 221 天完成两岛筑岛的世界工程记录，等等。这些体现了中国力量和速度的工程凝聚了多少技术人员的心血、多少工人的辛勤汗水，作为工程技术人员后备力量的年轻一代，该如何将这种"中国速度"和"中国力量"的精神应用到专业技能的学习中？

二、实做题

1. 图 6-65 所示为恒温烘房电气控制图，请简要说明各部分元器件的名称及作用，并根据 A4 图幅（装订、简单标题栏）来绘制该图。

2. 污水池排水泵控制箱电气控制原理图如图 6-66 所示，表 6-1 所示为控制系统的设备明细表。请合理安排，将原理图和设备明细表画在一张 A4 图幅内，并自行设计标题栏。

表 6-1 设备明细表

13	3~5HR	信号灯	AD16-22B/R31	3	
12	FU.1FU.2FU	熔断器	RT14-20/6A	3	
11	HY	信号灯	AD16-22B/Y31	1	
10	2HR	信号灯	AD16-22B/R31	1	
9	1HR	信号灯	AD16-22B/R31	1	
8	1SBS.2SBS	按钮	LY3-11/R	2	
7	1SB.2SB	按钮	LY3-11/G	2	
6	SA	转换开关	LW5-15D0401/2	1	
5	KT1.KT2	时间继电器	ST3P-120S AC220V	2	
4	KA.KA1-KA3	通用继电器	HH54P AC220V	4	
3	KH1.KH2	热继电器	3UA52 16A	2	
2	KM1.KM2	交流接触器	3TB43 AC220V	2	
1	1QF.2QF	断路器	C65AD-16A/3P	2	
序号	代号	名称	型号规格	数量	备注
出厂编号		柜号		数量	

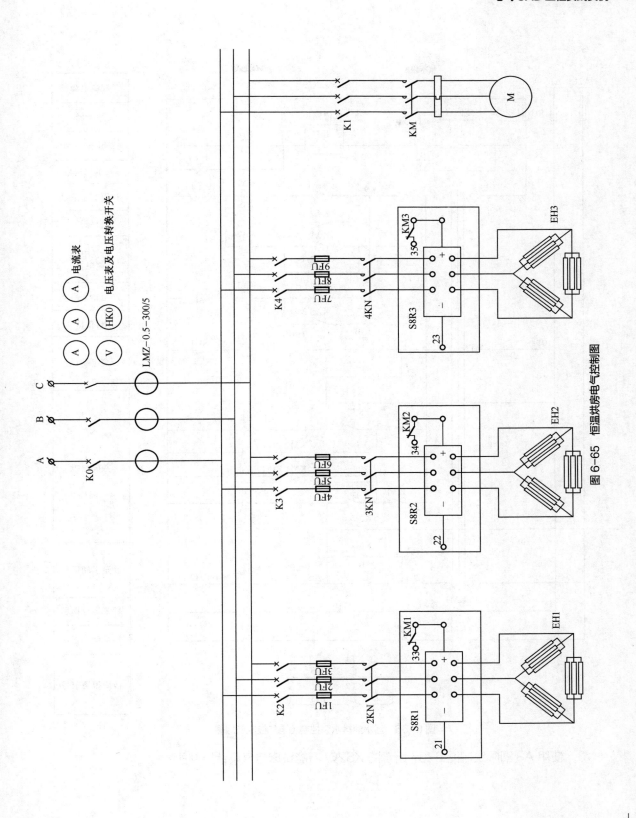

图 6-65　恒温烘房电气控制图

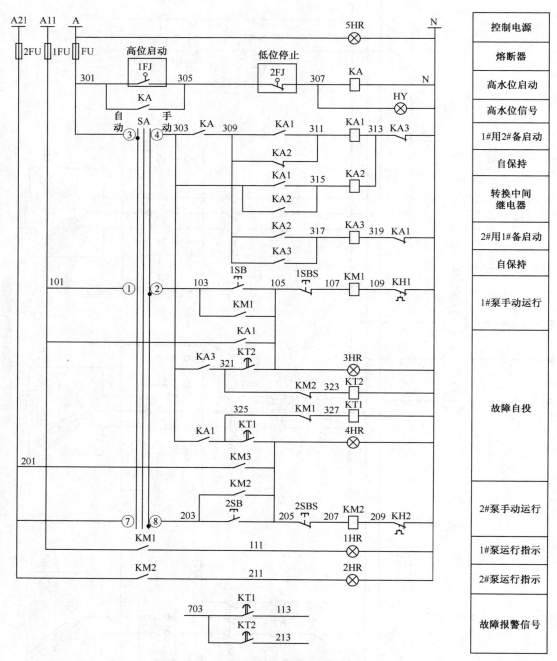

图 6-66　污水池排水泵控制箱电气控制原理图

3. 使用 A3 图幅绘制图 6-67 所示的 X62W 万能铣床电气设计控制图。

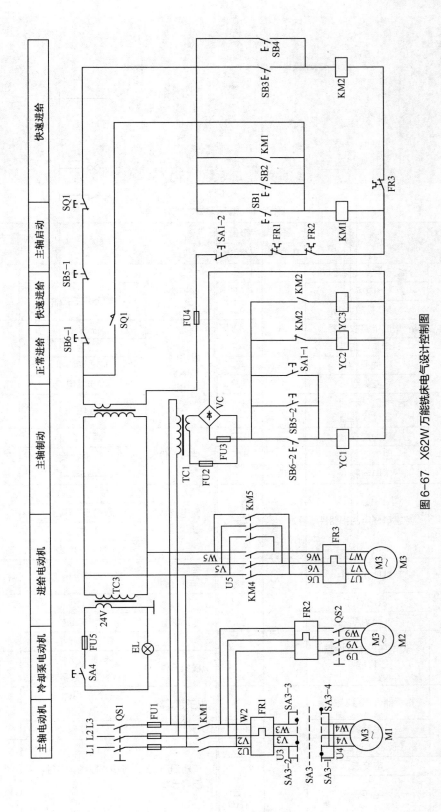

图 6-67　X62W 万能铣床电气设计控制图

附录

附表 1　常用基本文字符号

种类	实例	基本文字符号 单字母	基本文字符号 双字母	种类	实例	基本文字符号 单字母	基本文字符号 双字母
组件、部件	分离元件放大器调节器	A	—	保护器件	熔断器	F	FU
	电桥		AB		限压保护器件		FV
	晶体管放大器		AD	发生器、发电机、电源	振荡器	G	—
	集成电路放大器		AJ		发生器		GS
	印刷电路板		AP		同步发电机		GA
	抽屉柜		AT		异步发电机		
	支架盘		AR		蓄电池		GB
非电量到电量变换器或电量到非电量变换器	送话器、扬声器、晶体换能器	B	—	信号器件	声响指示	H	HA
	压力变换器		BP		光指示器		HL
	温度变换器		BT		指示灯		HL
电容器	电容器	C	—	继电器、接触器	交流继电器	K	KA
二进制元件、延迟器件、存储器件	数字集成电路和器件	D			双稳态继电器		KL
					接触器		KM
					簧片继电器		KR
其他元器件	其他元器件	E		电感器、电抗器	感应线圈、电抗器	L	—
	发热器件		EH	电动机	电动机	M	—
	照明灯		EL		同步电动机		MS
保护器件	过电压放电器件避雷器	F	—		力矩电动机		MT
				模拟元件	运算放大器混合模拟/数字器件	N	—
测量设备、试验设备	指示器件信号发生器	P	—	电子管、晶体管	二极管、晶体管、晶闸管	V	—
	电流表		PA		电子管		VE
	（脉冲）计数器		PC	传输通道波导天线	导线、母线、波导、天线	W	—
	电度表		PJ				
	电压表		PV				

续表

种 类	实 例	单字母	双字母	种 类	实 例	单字母	双字母
电力电路的开关器件	断路器	Q	QF	端子、插头、插座	连接插头和插座、接线柱焊、接端子板	X	—
	电动机保护开关		QM		连接片		XB
	隔离开关		QS		测试插孔		XJ
电阻器	电阻器、变阻器	R	—		插头		XP
	电位器		RP		插座		XS
	热敏电阻器		RT		端子板		XT
	压敏电阻器		RV	电气操作的机械器件	气阀	Y	—
控制、记忆、信号电路的开关器件、选择器	控制开关、选择开关	S	SA		电磁铁		YA
	按钮开关		SB		电动阀		YM
	压力传感器		SP		电磁阀		YV
	位置传感器		SQ	终端设备、混合变压器、滤波器、均衡器、限幅器	晶体滤波器	Z	—
	温度传感器		ST				
变压器	电流互感器	T	TA				
	控制电路电源用变压器		TC				
	电力变压器		TM				
	电压互感器		TV				

附表2 常用辅助文字符号

序 号	文字符号	名 称	序 号	文字符号	名 称
1	A	电流	18	D	差动
2	A	模拟	19	D	数字
3	AC	交流	20	D	降低
4	A、AUT	自动	21	DC	直流
5	ACC	加速	22	DEC	减
6	ADD	附加	23	E	接地
7	ADJ	可调	24	EM	紧急
8	AUX	辅助	25	F	快速
9	ASY	异步	26	FB	反馈
10	B、BRK	制动	27	FW	正，向前
11	BK	黑	28	GN	绿
12	BL	蓝	29	H	高
13	BW	向后	30	IN	输入
14	C	控制	31	INC	增
15	CW	顺时针	32	IND	感应
16	CCW	逆时针	33	L	左
17	D	延时（延迟）	34	L	限制

序　号	文字符号	名　称	序　号	文字符号	名　称
35	L	低	54	R RST	复位
36	LA	闭锁	55	RES	备用
37	M	主	56	RUN	运转
38	M	中	57	S	信号
39	M	中间线	58	ST	起动
40	M、MAN	手动	59	S、SET	置位，定位
41	N	中性线	60	SAT	饱和
42	OFF	断开	61	STE	步进
43	ON	闭合	62	STP	停止
44	OUT	输出	63	SYN	同步
45	P	压力	64	T	温度
46	P	保护	65	T	时间
47	PE	保护搭铁	66	TE	无噪声（防干扰）搭铁
48	PEN	保护搭铁与中性线共用	67	V	真空
49	PU	不搭铁保护	68	V	速度
50	R	记录	69	V	电压
51	R	右	70	WH	白
52	R	反	71	YE	黄
53	RD	红			

附表 3　特殊字符（符号）与控制代码或 Unicode 对照表

符　号	名　称	Unicode 或控制代码	符　号	名　称	Unicode 或控制代码
°	度符号	\U+00B0 或 %%d	Q	初始长度	\U+E200
±	公差符号	\U+00B1 或 %%p	M	界碑线	\U+E102
⌀	直径符号	\U+2205 或 %%c	CL	中心线	\U+2104
≈	几乎相等	\U+2248	BL	边界线	\U+E100
∠	角度	\U+2220	PL	地界线	\U+214A
≠	不相等	\U+2260	2	下标 2	\U+2082
△	增量	\U+0394	²	平方	\U+00B2
Ω	欧姆	\U+2126	³	立方	\U+00B3
Ω	欧米加	\U+03A9	‾	加上画线	%%o
φ	电相位	\U+0278	_	加下画线	%%u
≡	标识	\U+2261	%	百分号%	%%%
F	流线	\U+E101			

注：以上文字符号适用于 TrueType (TTF) 字体和 SHX 字体：（Simplex，RomanS，Isocp，Isocp2，Isocp3，Isoct，Isoct2，Isoct3），Isocpeur（仅 TTF 字体），Isocpeur italic（仅 TTF 字体），Isocteur（仅 TTF 字体），Isocteur italic（仅 TTF 字体）。

附表 4　常用快捷命令、快捷键一览表

快捷命令或快捷键	内　　　容	快捷命令或快捷键	内　　　容
A	绘圆弧命令	F8	打开/关闭"正交"模式
AA	测量区域和周长	F9	打开/关闭"捕捉"模式
AR	阵列命令	F10	打开/关闭"极轴"模式
AV	打开"视图"对话框	F11	打开/关闭"对象追踪"模式
B	打开"块定义"对话框	F12	打开/关闭动态输入模式
BR	打断命令出 2	Ctrl+A	选择图形中未锁定或冻结的所有对象
C	画圆命令	Ctrl+B	捕捉模式控制（F9）
CO	复制命令	Ctrl+C	将对象复制到 Windows 剪贴板
D	打开"标注样式管理器"对话框	Ctrl+Shift+C	使用基点将对象复制到 Windows 剪贴板
DT	打开文本设置命令	Ctrl+D	切换"动态 UCS"（F6）
DI	测量两点间的距离	Ctrl+F	控制对象捕捉（F3）
E	删除命令	Ctrl+G	栅格显示模式控制（F7）
EX	延伸命令	Ctrl+I	切换坐标显示
F	倒圆角命令	Ctrl+J	重复执行上一步命令
H	打开"填充"对话框	Ctrl+K	插入超链接
I	打开"插入块"对话框	Ctrl+L	打开/关闭"正交"模式（F8）
RO	旋转命令	Ctrl+M	重复上一个命令
S	拉伸命令	Ctrl+N	新建图形文件
SE	打开"草图设置"对话框	Ctrl+O	打开"文件"对话框
ST	打开"文字样式"对话框	Ctrl+P	打开"打印"对话框
SP	打开"拼写检查"对话框	Ctrl+Shift+P	切换"快捷特性"界面
SC	缩放命令	Ctrl+Q	退出 AutoCAD
SN	栅格捕捉模式设置	Ctrl+S	保存文件
T	文本输入	Ctrl+Shift+S	打开"另存为"对话框
TR	修剪命令	Ctrl+U	极轴模式控制（F10）
L	画直线命令	Ctrl+V	粘贴剪贴板上的内容
M	移动命令	Ctrl+Shift+V	将 Windows 剪贴板中的数据作为块进行粘贴
O	偏移命令	Ctrl+W	"对象追踪"模式控制（F11）
X	分解命令	Ctrl+X	剪切所选内容
Z	窗口缩放	Ctrl+Y	取消前面的"放弃"动作
Z+空格	实时缩放	Ctrl+Z	取消前一步的操作
F1	打开帮助窗口	Ctrl+0	切换"全屏显示"
F2	切换绘图窗口和文本窗口	Ctrl+1	切换"特性"选项板
F3	打开/关闭"对象捕捉"模式	Ctrl+2	切换设计中心
F5	进行等轴测平面设置（"捕捉"模式打开，且捕捉样式为"等轴测"时有效）	Ctrl+3	切换"工具选项板"窗口
F6	控制动态 UCS 坐标系	Ctrl+8	切换"快速计算器"选项板
F7	打开/关闭"栅格显示"模式	Ctrl+9	切换"命令行"窗口

参考文献

[1] 付家才. 电气 CAD 工程实践技术，2 版. 北京：化学工业出版社，2012.

[2] 张云杰. AutoCAD 2010 中文版电气设计基础教程. 北京：清华大学出版社，2015.

[3] 王佳. 建筑电气 CAD 实用教程. 北京：中国电力出版社，2014.

[4] 孙明. AutoCAD 2010 中文版电气制图实战 100 例. 北京：电子工业出版社，2011.

[5] 王国顺. AutoCAD 基础教程，2 版. 北京：高等教育出版社，2008.